COMME QUOI LA FRANCE POURRAIT NOURRIR
CENT MILLIONS D'HABITANTS

UNE RÉVOLUTION AGRICOLE

GEORGES VILLE ET LES ENGRAIS CHIMIQUES

PAR

ÉMILE GAUTIER
(Du *Figaro*)

PARIS
LECÈNE, OUDIN ET Cie, EDITEURS
17, RUE BONAPARTE, 17

1892

COMME QUOI LA FRANCE POURRAIT NOURRIR
CENT MILLIONS D'HABITANTS

UNE

RÉVOLUTION AGRICOLE

ŒUVRES DE M. GEORGES VILLE

Librairie G. Masson, 120, boulevard Saint-Germain, Paris.
Librairie Agricole, 26, rue Jacob, Paris.
Ludovic Baschet, 12, rue de l'Abbaye, Paris.
Et chez tous les principaux libraires de Paris et de la Province

L'ÉDITION COMPLÈTE COMPREND ONZE VOLUMES IN-18

Recherches expérimentales sur la végétation. . . . . . 1 vol.
La Production végétale et les Engrais chimiques. . . . . 1 vol.
Les Entretiens donnés au champ d'expériences de Vincennes :
Les Principes. 1 vol.
Les Cultures spéciales. . . . . 1 vol.
Les Engrais chimiques, le fumier et le bétail. . . . . . 1 vol.
Les Engrais chimiques, conférence de Bruxelles. . . . . 1 vol.
Le Propriétaire devant sa ferme délaissée. . . . . . . 1 vol.
Conférences diverses. . . . . 1 vol.
Mémoires et mélanges. . . . . 1 vol.
Enquête sur les résultats de l'emploi des engrais chimiques. 1 vol.
L'Ecole des engrais chimiques. . . . . 1 vol.

EN VENTE

La Production végétale et les Engrais chimiques (Grandes Conférences de Vincennes), 1 vol. grand in-8 avec planches. 8 »
Les Engrais chimiques (Entretiens donnés au champ d'expériences de Vincennes) :
Les Principes : 1 vol. 3 50
Les Cultures spéciales : 1 vol. 3 50
Les Engrais chimiques, le fumier et le bétail : 1 vol. . . . 3 50
Les Conférences de Bruxelles : 1 vol. . . . . 2 »
Le Propriétaire devant sa ferme délaissée : 1 vol. . . . . 2 »

Georges Ville.

COMME QUOI LA FRANCE POURRAIT NOURRIR
CENT MILLIONS D'HABITANTS

UNE RÉVOLUTION AGRICOLE

PAR

ÉMILE GAUTIER
(DU *Figaro*)

PARIS
LECÈNE, OUDIN ET Cie, EDITEURS
17, RUE BONAPARTE, 17

1892

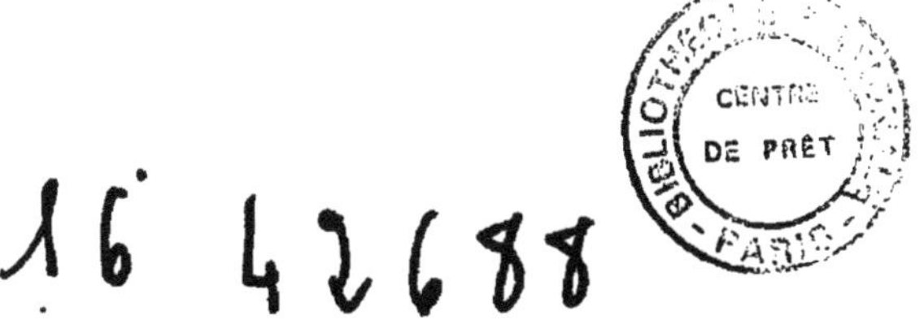

PRÉFACE

L'étude — assurément incomplète, mais exacte, m'est avis, et à tout le moins, consciencieuse — que j'ai consacrée, dans le Figaro *du* 9 *et du* 10 *octobre, à M. Georges Ville et à son œuvre, a obtenu un succès si considérable auprès du grand public que, en dépit de plusieurs tirages successifs, ces numéros n'ont pas tardé à être totalement épuisés.*

Cependant, les demandes continuaient à pleuvoir de tous côtés.

Force m'a donc été de préparer une seconde édition de ce travail qui a eu l'heur d'émouvoir si profondément les foules laborieuses qui vivent de la terre. Mais j'ai pensé que mieux valait donner à cette réédition la forme plus maniable, plus commode et plus persistante d'une brochure ou d'un livre, qu'on peut mettre dans sa bibliothèque ou laisser à son chevet, de préférence à la forme, fatalement éphémère, d'une feuille volante.

Telle est la genèse de cet opuscule sans prétention, où les lecteurs du Figaro *retrouveront, revues, corrigées, mises au point, augmentées des morceaux à travers lesquels les nécessités de la mise en pages et de l'actualité m'avaient la première fois obligé à pratiquer des coupes sombres, enrichies enfin de notes explicatives et de quelques recettes et conseils pratiques, les idées et les faits dont le journal les avait entretenus déjà, — et où les autres pourront peut-être apprendre quelque chose de neuf et découvrir des pistes fécondes et des horizons insoupçonnés...*

Puisse cette humble tentative de vulgarisation scientifique, inspirée par le Maître génial dont je ne suis que le clairon et le fidèle écho, servir à la fortune, à la puissance et à la gloire de la patrie commune !

Paramé, 20 octobre 1891.

EMILE GAUTIER.

INTRODUCTION

Georges Ville à Vincennes.

L'espèce humaine est si bornée, si frivole, si ingrate et si routinière que, sur cent paysans pris au hasard, fût-ce même parmi les moins frustes et les plus entreprenants, dans les diverses régions de la France, il ne s'en trouverait peut-être pas quarante — j'en ai peur — pour répondre affirmativement à cette question :

— Connaissez-vous Georges Ville ?

Il n'en est pourtant pas un seul à qui le savant professeur de physiologie végétale du Muséum n'ait, directement ou indirectement, rendu service ; pas un seul qui, s'il voulait s'en donner la peine, ne pourrait lui devoir sa fortune !

Il n'en est pas un seul, en revanche, qui ne sache par cœur la légende du général Boulanger !

*
* *

C'est, en vérité, un homme bien singulier que ce Georges Ville, qui, fils de ses œuvres, ayant conquis sa place et sa renommée à la force du poignet, avait déjà, à trente ans, sans titres ni parchemins officiels, pas même le diplôme de bachelier en poche, violé les portes si jalousement closes aux intrus des tabernacles universitaires, enlevé de haute lutte une chaire au Muséum, empli l'univers savant du bruit de son nom, obligé les plus autorisés à baisser pavillon devant la logique de ses raisonnements, la précision de ses découvertes, l'ingéniosité de sa technique. Une sorte de héros de roman, doublé d'un magicien et d'un alchimiste — mais d'un alchimiste modernisé, déchirant à pleines mains le voile d'Isis, conviant les foules à regarder au fond de ses cornues enchantées et criant ses secrets sur les toits; — mais d'un magicien inédit, opérant par $a + b$, et n'arrachant la pierre philosophale aux entrailles du sol asservi qu'en conformité des exigences les plus subtiles de la science positive et démontrable.

Né en 1824, à Pont-Saint-Esprit (Gard), sur les bords du Rhône, Georges Ville avait, dès l'âge de quatorze ans, quitté son pays natal, où sa famille le destinait à l'humble métier d'horloger, pour entrer, en qualité de préparateur, dans une grande pharmacie de Lyon. Il était écrit que cet homme de génie devait, ainsi que son précurseur Liebig, débuter comme manœuvre — car le préparateur d'une officine d'apothicaire n'est pas autre chose qu'un manœuvre — dans la science qu'il était appelé à révolutionner plus tard... De Lyon, au surplus, il passe bientôt à Paris, où il est reçu le premier au concours de l'internat en pharmacie.

Devenu l'élève favori de Regnault au Collège de

France, il crée son premier laboratoire de chimie rue de Vaugirard, dans cette salle du couvent des Carmes qui avait servi de prison aux Girondins, et dont les murs étaient encore couverts des inscriptions — sorte de testament *in extremis* — qu'ils y avaient gravées avant de marcher à l'échafaud. C'est là qu'il détermine le dosage de l'ammoniaque de l'air et qu'il démontre pour la première fois l'absorption directe de l'azote atmosphérique par certaines espèces végétales, et, en particulier, par les légumineuses... Il transporte ensuite le siège de ses études et de ses travaux à Grenelle, où ses fabuleuses cultures sur le sable calciné et le verre pilé lui valent la visite et l'hommage, non seulement des hommes les plus considérables, mais encore des plus jolies mondaines du Tout-Paris de ce temps-là... Si j'exhume ce souvenir, qui semblera peut-être aux esprits superficiels ne présenter qu'un intérêt secondaire, c'est pour mieux montrer l'intensité de l'engouement qu'excitait déjà, vers 1850, l'initiative hardie de ce jeune homme qui prétendait fabriquer du blé sans terre, à l'aide de simples procédés industriels, comme on fabrique de l'alcool ou du chocolat. C'est aussi pour établir combien il est difficile à une idée neuve, fût-elle la plus juste, la plus originale et la plus féconde, de faire son chemin dans nos sociétés engluées de préjugés et de superstitions. On dit généralement qu'une cause que les femmes ont épousée peut être d'ores et déjà considérée comme à moitié gagnée. Cela est vrai souvent, mais cela n'est pas absolument vrai, ni toujours. Eloquent, charmeur, élégant, de haute mine et de cavalières allures, Georges Ville, dont les succès mondains ne le cédaient pas aux succès scientifiques, avait, dès le début, su mettre dans son jeu le victorieux atout de l'« éternel féminin ». Cependant, sept ou huit lustres ont passé, et il s'en faut encore — et de beaucoup, hélas ! — qu'en France, au moins, dans le pays où elle est née, où elle a grandi, où elle s'est affirmée et d'où elle s'est subrepticement irradiée à travers le monde, la doctrine des engrais chimiques soit encore ce que, après tant de gages donnés et tant de preuves fournies, elle mériterait d'être — le programme universel et l'universel article de foi... (1)

*
* *

Les mandarins de l'orthodoxie traditionnelle n'avaient guère tardé, au surplus, à s'effaroucher des triomphes et du prestige grandissant de ce rival inattendu. Comment ! ce petit étudiant en pharmacie, cet apprenti horloger, qui aurait pu — et dû — ne faire jamais que des montres, parce que, de bric et de broc, il avait appris la chimie, se permettait non

(1) Il est bon de faire observer, cependant, que la doctrine a singulièrement fait du chemin.

C'est par centaines de tonnes que se vendent aujourd'hui les engrais chimiques, et l'été dernier, lors de ses dernières conférences au champ d'expériences de Vincennes, M. Georges Ville n'a jamais parlé devant moins de 400 à 500 auditeurs, de toutes les classes et de tous les mondes, venus là tout exprès, de l'autre extrémité de Paris, parfois même du fond de la province, en dépit des ardeurs de la canicule et de la longueur du chemin, pour recueillir la bonne nouvelle.

seulement de voler de ses propres ailes — et à quelles altitudes ! — mais encore d'en remontrer à son curé... Il ne parlait de rien moins que de faire résoudre par la science l'irritante question sociale, en multipliant les pains et en organisant la vie copieuse à bon marché... N'était-ce pas scandaleux, intolérable ?... On le fit tôt voir à Georges Ville, qui eut à lutter non seulement contre la torpeur, le scepticisme, l'aveuglement et l'indifférence des masses profondes, mais encore contre l'hostilité déclarée de l'élite jalouse et bilieuse des initiés. Heureusement, il avait bec et ongles...

On n'a point oublié sa polémique légendaire contre M. Boussingault — un redoutable adversaire, il faut le reconnaître, et qui, marchant droit au but, avait tout de suite porté le débat sur le terrain expérimental — à propos de sa théorie de l'assimilation de l'azote atmosphérique par les plantes, dont la valeur et la portée scientifiques n'ont rien de comparable peut-être, si ce n'est la valeur et la portée de l'interprétation, imaginée par Lavoisier et demeurée classique, des mystérieux phénomènes de la respiration animale. Cette discussion, qui eut un retentissement énorme, devait finalement tourner à l'avantage de Georges Ville, après une scrupuleuse vérification de ses expériences par une Commission nommée tout exprès par l'Académie des Sciences, et dont le « père Chevreul » fut le rapporteur, après, surtout, les miracles de la « sidération ».

Il n'empêche qu'on lui conteste encore aujourd'hui la glorieuse paternité de cette découverte, dont on préfère attribuer arbitrairement l'honneur à des Allemands, dont tout le mérite se borne à avoir assez gentiment débarbouillé l'enfant fait par un autre. On a pu retrouver encore le frétillement de ce déni de justice dans les « palabres » du dernier Congrès tenu à Marseille par l'Association française pour le reculement — pardon ! pour l'avancement — des sciences.

Mais passons !...

Ce fut à la suite de cette bataille que la chaire de physique végétale qu'on venait de créer au Jardin des Plantes fut confiée à Georges Ville, qui, depuis, l'a gardée, et qui l'occupe encore aujourd'hui avec un prestigieux éclat.

Mais son tempérament d'homme de propagande et d'action se sentait mal à l'aise dans le cadre étroit des laboratoires clos et couverts où l'avaient jusque-là confiné les nécessités du *struggle for life*.

La vaste organisation qu'il avait créée à Grenelle, de toutes pièces et à grands frais, dépassait déjà tout ce qu'on avait pu voir auparavant de plus parfait en matière de chimie appliquée et d'agriculture expérimentale. Mais cela ne suffisait pas encore aux ambitions de l'entreprenant novateur. Il lui fallait les vastes horizons, le plein vent et la pleine terre. Le champ d'expériences de Vincennes — où, chaque été que Cérès donne, il retourne obstinément prêche la bonne nouvelle — allait lui procurer tout cela.

*
* *

C'est en 1860 que le champ d'expériences de Vincennes fut institué, aux frais de la cassette

Champ d'expériences de Vincennes.

particulière de l'empereur Napoléon III, dans le but exclusif de donner la consécration expérimentale aux séduisantes affirmations et aux curieuses tentatives de Georges Ville.

La doctrine des engrais chimiques avait désormais son organe, son outillage, son théâtre d'application et son musée. Obligés de s'incliner devant la souveraine éloquence des faits, les incrédules et les calomniateurs, n'avaient plus qu'à faire amende honorable ou à se taire.

On peut dire que l'évangile agricole selon Georges Ville a eu le clos de Vincennes pour Nazareth et pour Sion. On peut dire que cet évangile y a été intégralement vécu et parlé : parlé par le Maître, et vécu par les plantes que sa science façonne à volonté, au point d'en pouvoir d'avance déterminer, quasiment à coup sûr, la taille, la forme, la vigueur. la composition, la couleur, le rendement et les vertus.

A Vincennes, ce n'est plus comme au Muséum, Georges Ville ne se contente plus d'affirmer : il prouve. *Res* ET *Verba !* On peut voir, on peut toucher, compter et mesurer. Voici, sur cette bande de terre, du blé, des betteraves, du trèfle, de la vigne, des poiriers, etc., cultivés sans aucun engrais ; voici plus loin d'autres échantillons des mêmes espèces végétales auxquels on n'a donné que du fumier, ou que tel ou tel engrais complet, c'est-à-dire ample provision de tous les éléments indispensables à l'éclosion et au développement de la vie végétale. Ici l'on a fait varier la proportion de l'azote, ici la proportion d'acide phosphorique, là-bas la proportion de potasse...

Comparez maintenant, et jugez ! Les pièces du procès sont sous vos yeux, tantôt sous la forme de récoltes coupées et de conserves sèches, tantôt sous la forme de verdures vives et de récoltes sur pied. L'apôtre pourrait garder le silence — ce qui serait pourtant dommage — que pour tout homme de bonne foi la leçon n'en serait pas moins saisissante, ni les conclusions moins nettes.

Malheureusement, si, comme je le constatais tout à l'heure avec un brin d'amertume, les foules obtuses ignorent ou méconnaissent l'œuvre féconde accomplie par Georges Ville, elles ignorent et méconnaissent à un égal degré le prodigieux atelier où il l'a élaborée, cristallisée en faits tangibles, en suggestives leçons de choses, et où, depuis trente ans, sans découragement ni lassitude, il s'efforce de la mettre à la portée de tous. Combien, même parmi ceux qui posent pour être au courant, n'en soupçonnent même pas l'existence !

*
* *

Et, cependant, bien qu'il ne mesure que quelques hectares d'étendue, le champ d'expériences de Vincennes est peut-être l'une des plus grandioses, l'une des plus admirables et des plus fécondes créations de cette fin de siècle, qui a tant enfanté de merveilles.

Je suis de ceux qui pensent que, pour un peuple

conscient de ses véritables intérêts et soucieux de son avenir, les conférences estivales qu'y donne Georges Ville devraient être un événement au moins aussi considérable et aussi passionnant que le vernissage ou la première de *Lohengrin*, voire même que l'ouverture de la plus orageuse session parlementaire. Et si nous n'étions pas gangrenés, comme nous le sommes, par un vice de race, de byzantinisme, d'imprévoyance et de frivolité, il y aurait, chaque dimanche, là-bas, au plateau de Gravelle, autant de monde qu'il y en a, le jour du Grand Prix, sur le turf de Longchamp !

EMILE GAUTIER.

UNE

RÉVOLUTION AGRICOLE

AGRICULTURE ET INDUSTRIE

Supposons que l'un quelconque des grands ancêtres du siècle dernier, Diderot ou Voltaire, Buffon ou Lavoisier, Condorcet ou Laplace, s'arrachant à l'oubli de la tombe, revienne inopinément parmi nous... Il est évident que, devant la mise en scène, digne des *Mille et une Nuits*, de l'œuvre industrielle moderne, il n'en croirait ni ses yeux effarés ni ses oreilles assourdies, et se demanderait s'il rêve, s'il est le jouet d'une hallucination fantasmagorique, ou s'il est devenu fou.

Transportez-le, par contre, au milieu d'une exploitation agricole, et il se reconnaîtra tout de suite.

C'est à peine si quelques améliorations de détail, — des outils perfectionnés, d'ingénieuses machines simplifiant la besogne, un peu plus de méthode, etc., — viendront lui rappeler que, depuis sa mort, les choses ont marché.

C'est qu'aujourd'hui, en effet, l'agriculture en est encore

(ou peu s'en faut) au point arriéré où elle en était à son époque... Peut-être même est-elle en plus fâcheuse posture, attendu que, en ce temps-là, elle n'avait encore fait connaissance ni avec la concurrence étrangère, ni avec les écrasants impôts de guerre, ni avec le service obligatoire, ni avec la rareté et la cherté de la main-d'œuvre, ni avec le phylloxéra, ni avec la fraude organisée et savante des produits alimentaires.

Pendant que tout muait autour d'elle, et s'élançait, en un essor vertigineux, vers l'avenir, l'agriculture demeurait quasiment stationnaire.

***

Etrange et douloureuse anomalie !

De toutes les branches de l'activité humaine, l'agriculture est à la fois la plus ancienne et la plus essentielle, surtout dans un pays comme la France, dont la situation géographique et climatérique n'a pas d'égale peut-être sous le dôme immense des cieux.

On peut concevoir, à la rigueur, qu'une société se passe d'industrie, se passe au moins de l'industrie intensive telle que nous avons fini par nous habituer à la comprendre. On ne conçoit pas une société à laquelle les ressources agricoles feraient absolument défaut.

N'est-ce pas l'agriculture qui crée les produits que l'industrie se borne à transformer ? N'est-elle pas l'origine et la source de presque tout ce que consomme l'industrie, depuis la soie, la laine, le chanvre et le coton jusqu'au cuir, depuis le bois jusqu'à l'huile, sans parler du pain, de la viande, du vin, du sucre et de l'alcool, qui sont aux travailleurs de chair et d'os, aux cérébraux comme aux musculaires, ce que le charbon est aux machines inanimées ?

Assurément, l'agriculture n'est, à proprement parler, qu'une industrie d'un genre particulier ; mais c'est une industrie supérieure, la seule de toutes les industries qui soit effectivement et positivement créatrice.

Comment, en effet, procède l'agriculture ? A chaque saison, elle confie une semence à la terre, et, quelques mois après, elle récolte dix, cent, mille fois, plusieurs milliers de fois, l'équivalent de ce qu'elle a semé. L'épi se transforme en gerbe, la bouture ou le grain de chènevis se font arbres, la pépinière s'engendre du pépin... Pas de déchet — du surcroit, une augmentation de la substance initiale !

Bien différent est le résultat du travail industriel. Là, il y a toujours un déchet ; là, jamais le produit ultime n'est qu'une fraction de la matière première mise en œuvre, car l'industrie, de par un incurable vice de nature, rend toujours moins qu'elle n'a reçu. Tandis que l'industrie se borne à façonner des produits préexistants et à transformer le bois en meubles ou en charpentes, — le fer, l'acier, l'aluminium, l'argent ou l'or en outils, en armes, en bijoux, — les fibres textiles en étoffe ou en papier, — les pulpes de fruits en cassonade ou en trois-six, — le sable en verre de Bohème, etc. — l'agriculture, elle, multiplie. Elle enfante des produits nouveaux, inédits. *Elle crée !*

D'autre part, les forces employées par l'industrie ne sont jamais gratuites. L'agriculture, au contraire, opère avec la collaboration des agents naturels, qui ne coûtent rien ou presque rien. Abstraction faite de l'usure de l'outillage et de son propre entretien, l'agriculture n'a guère que ses semences à payer.

Et, cependant, en dépit de tous ces avantages, c'est l'agriculture qui avait jusqu'ici progressé le moins vite et le moins sûrement. Alors que, déjà, l'industrie, sa sœur aînée, touchait aux hautes cîmes, elle continuait à se traîner péniblement dans les bas-fonds.

On a un peu le vertige quand on se prend à songer aux prodiges qui auraient été sans doute accomplis, aux conséquences de toute espèce — politiques, économiques, sociales, intellectuelles même et morales — qui s'en seraient suivies pour le genre humain, aux chimères réalisées, aux utopies passées dans les faits, si la moitié seulement du travail et des capitaux dépensés depuis cent ans pour le compte de l'industrie manufacturière s'était employée à accoucher le progrès agricole, et si la science, qui a su discipliner le chaud et le froid, la lumière et les infiniment petits, l'océan et la foudre, s'était appliquée, entre temps, à discipliner la force végétative.

***

Il est vrai que nous n'aurons rien perdu pour attendre. Je suis de ceux qui pensent que l'agriculture réserve aux gens du siècle prochain de plus mirifiques et de plus abracadabrantes surprises que celles dont l'industrie nous accable, nous autres précurseurs, au cours de la fin de siècle où nous sommes.

Que dis-je ? Mais c'est déjà chose faite, et la révolution agronomique ne saurait dorénavant tarder à battre son plein.

Un homme s'est rencontré, dont la gloire égalera la gloire de Lavoisier et de Galvani, de Denis Papin et de Pasteur, doué d'une clairvoyance géniale, d'une indomptable énergie et d'une transcendante habileté, qui s'est demandé pourquoi l'on n'essaierait pas d'appliquer à l'industrie agricole les méthodes et les procédés de la science raffinée qui avaient si fructueusement réussi aux autres industries; pourquoi l'homme, qui a su dompter la nature inerte, ne disciplinerait pas aussi bien la nature vivante; pourquoi, en un mot, il ne réaliserait pas, après la synthèse artificielle des minéraux, la synthèse industrielle des végétaux.

J'ai nommé M. Georges Ville, l'illustre professeur de physiologie végétale du Muséum d'Histoire Naturelle, le fondateur de cette fabuleuse doctrine, dite des engrais chimiques, dont la généralisation — trop lente — paraît appelée à bouleverser de fond en comble les conditions économiques et sociales des civilisations futures.

D'autres, sans doute, avant M. Georges Ville — Liebig et Boussingault, par exemple — avaient déjà plus ou moins confusément pressenti le mot de l'énigme. Mais personne n'avait eu l'heur — ou l'art — de dégager nettement et définitivement la précieuse inconnue; personne surtout n'avait su donner à la théorie la consécration de l'expérience. Quel que puisse être le mérite intrinsèque des vagues conceptions et des incohérents ou timides essais de ses devanciers, il est permis de dire que, seul, M. Georges Ville a créé, pour ainsi dire *ex nihilo*, la doctrine des engrais chimiques, qu'il l'a mise au point et au pas, qu'il en a tracé les grandes lignes et fixé les menus détails, qu'il en a posé les règles, déterminé la méthode, qu'il en a fait à la fois une science ferme et un art précis. C'est encore lui, toujours lui, qui, à force d'éloquence communicative, de foi militante, de contagieuse ardeur et de ténacité, a fini par l'imposer, de haute lutte, à la jalouse

1**

hostilité des uns, à l'ignorance et à l'encroûtement des autres, au scepticisme et à l'indifférence de tous.

Voilà tantôt quarante ans qu'il y travaille. Voici tantôt quarante ans que l'idée a été lancée par lui dans la circulation, quarante ans qu'elle combat pour l'existence contre les préjugés de la routine et de l'envie, tandis que son auteur — pour lequel, en dépit des engrais chimiques, la postérité n'aura jamais assez de lauriers — était, sur tous les toits et sur tous les tons, traité de visionnaire et d'utopiste, voire même de charlatan.

Elle a fini, cependant, par conquérir sa place au soleil de la science. Elle est d'ores et déjà devenue, par la force des choses, presque classique; elle entre peu à peu, discrètement mais sûrement, dans la pratique courante. Elle promet d'aboutir demain à une révolution sans précédent comme sans exemple.

***

L'Anglais Huxley a dit autrefois avec raison que les premiers travaux de M. Pasteur sur les vins, les bières et les vers à soie, abstraction faite même de la culture des microbes, de l'atténuation des virus, de la vaccine du charbon et de la rage et de l'antisepsie, auraient amplement suffi à payer la rançon des cinq milliards de l'année terrible.

Que dirons-nous donc de l'œuvre de M. Georges Ville, qui consiste — oh! bien simplement — à arracher l'agriculture, la nourricière de l'humanité, à un empirisme stérile, pour lui apprendre à fabriquer de toutes pièces, méthodiquement, toutes les plantes utiles généralement quelconques, à en régler d'avance le rendement en quantité et qualité, à faire en un mot du chanvre et du froment, des betteraves et du colza, des pommes de terre ou des roses, des haricots ou du raisin, absolument comme on fait du savon, du verre, des tuiles, du vitriol ou du fromage de Gruyère ? Que dirons-nous d'une œuvre qui tend à transformer champs, vergers et jardins en autant de manufactures en plein vent, systématiques et disciplinées, où, chaque tige représentant en quelque sorte une bobine ou une broche, tout sera prévu et prévenu, tout s'opérera par poids, par mesure et par calcul ? Que dirons-nous d'une œuvre dont la conclusion suprême s'annonce comme devant apparemment être, par la multiplication des pains, des biftecks et des chopines, l'institution de la vie plantureuse à bon marché et la clôture des discordes sociales ?

C'est que la théorie des engrais chimiques n'est rien moins que tout cela, et telles sont bien effectivement les mirifiques espérances qu'elle porte dans ses flancs.

LA

DOCTRINE DES ENGRAIS CHIMIQUES

I

Analyse et Synthèse.

Rien ne se crée, rien ne se peut extraire de rien ! Telle est l'inéluctable loi.

Pour faire un civet, il faut un lièvre — ou tout au moins un matou...

Prenez les œuvres les plus merveilleuses du génie de l'homme, les infiniment petites comme les infiniment grandes : ce ne seront jamais que des fragments de matière ajustés plus ou moins savamment.

Mais si rien ne se crée au sens absolu du mot, par contre, les créations secondaires, c'est-à-dire les transformations, qui font du neuf avec du vieux, de l'inédit avec du déjà vu, semblent n'avoir point de limites. Quand une fois il connaît les facteurs constituants d'un corps donné, les proportions, les lois et les conditions de l'association de ces facteurs, l'homme doit, tôt ou tard, en rapprochant ces éléments essentiels et primitifs, en les dosant et en les groupant comme ils doivent l'être, en provoquant artificiellement l'apparition des conditions auxquelles est, de toute fatalité, soumise leur combinaison, pouvoir reproduire *à posteriori*, mais pourtant de toutes pièces, le corps en question.

La synthèse est, en d'autres termes, le complément logique de l'analyse.

C'est ainsi que la chimie peut à volonté reconstituer l'air, l'eau, l'ammoniaque, l'acide carbonique, une foule de substances complexes et subtiles.

C'est ainsi qu'elle peut artificiellement reproduire les minéraux composites qui constituent les roches, voire même les pierres précieuses et les gemmes, en juxtaposant et en combinant, dans les conditions exigées et dans les proportions prescrites par les lois de l'affinité chimique, les éléments divers dont sont formées ces gemmes, ces pierres et ces roches.

Pourquoi le même résultat ne pourrait-il pas être obtenu avec la plante, à la seule condition de mettre artificiellement à la disposition de celle-ci tout ce qui lui est nécessaire pour éclore, grandir et fructifier ?

Sans doute, le minéral est inerte, tandis que la plante est vivante. Entre la plante et le minéral s'ouvre le mystérieux abîme qui sépare la matière inorganique de la matière organisée.

Mais cet abîme n'est infranchissable qu'en apparence.

Il ne s'agit pas, au surplus, de suppléer à la force vitale qui est comme l'âme occulte de la graine. Il s'agit de donner à cette énergie latente de quoi exercer sa puissance de développement et de multiplication, absolument comme la synthèse des minéraux se ramène à fournir à l'affinité chimique l'occasion et les moyens de se manifester.

Toute la question est de savoir de quoi se compose une plante, de quoi, en d'autres termes, est ourdie l'étoffe sur laquelle opère la force végétative.

Or, cette question, qui peut *à priori* paraître si abstruse, si obscure et si complexe, il y a bel âge que la fée Chimie l'a débrouillée.

Cela même a été beaucoup moins difficile qu'on serait tenté de le croire.

II

Les Quatorze Eléments.

Sans doute, les espèces végétales, dont le nombre, d'après MM. les botanistes, n'est pas inférieur à 200,000, accusent effectivement les plus étonnantes diversités d'organisation, d'aspect et de propriétés : les unes atteignant des dimensions colossales, les autres échappant presque à la vue sous leurs formes microscopiques; celles-ci étant à peu près indispensables à l'alimentation des animaux ou des hommes, celles-là distillant les huiles les plus corrosives, les poisons les plus meurtriers.

Toutes, cependant, ont quelque chose de commun :

L'identité absolue de la composition chimique.

Cette infinie diversité qui nous effare n'existe qu'à la surface. Toutes les plantes — je dis *toutes* sans exception, depuis le cèdre jusqu'à l'hysope, depuis le blé jusqu'à la ciguë, depuis l'ortie vésicante jusqu'à la framboise savoureuse et parfumée — toutes les plantes passées au creuset du chimiste se trouvent être composées des mêmes principes, tissées de la même étoffe, pétries de la même pâte. Si elles diffèrent entre elles, ce n'est pas en raison de la nature ou de la provenance des éléments qui les constituent, c'est en raison de l'ordre dans lequel ces éléments sont associés, de leurs proportions respectives et de leur mode d'agencement.

N'est-ce pas ainsi qu'un tout petit nombre de lettres suffit, au moyen de combinaisons innombrables, à composer tous les mots — ayant chacun sa signification propre, sa physionomie, sa valeur et sa sonorité — de la langue la plus riche ?

N'est-ce pas ainsi que les sept notes de la gamme suffisent, par l'infinie variété de leurs groupements respectifs, à défrayer à perte d'ouïe toutes les musiques imaginables ou inimaginables, depuis les pauvres et monotones rapsodies des peuplades barbares jusqu'aux plus savantes et aux plus suggestives inspirations d'un Mozart, d'un Glück, d'un Beethoven, d'un Bach, d'un Schubert ou d'un Berlioz ?

Reste à savoir quels sont ces éléments primitifs auxquels il faut toujours revenir lorsqu'on veut expliquer le travail mystérieux de la végétation et en pénétrer l'économie.

L'eau se compose d'oxygène et d'hydrogène; l'air, d'azote et d'oxygène; le sel de cuisine, de chlore et de sodium.

De quoi se compose un végétal ?

De *quatorze* éléments, répondent les chimistes — pas un de plus, pas un de moins — dont voici l'exacte, ferme, complète et définitive nomenclature :

ÉLÉMENTS ORGANIQUES

(Se dissipant, quand on brûle la plante, en vapeurs, gaz ou fumées) :

1 Carbone 2 Hydrogène 3 Oxygène 4 Azote	QUATRE

ÉLÉMENTS MINÉRAUX

(Survivant, à l'état de cendres, à l'incinération du végétal) :

1 Soufre 2 Acide phosphorique 3 Chlore 4 Silice 5 Fer 6 Manganèse 7 Magnésie 8 Chaux 9 Soude 10 Potasse	DIX

Ces quatorze éléments ne se séparent jamais. On les retrouve indistinctement dans tous les végétaux, dont ils forment la trame essentielle, nécessaire et suffisante.

Encore une fois, les différences des plantes entre elles — différences si profondes qu'on peut voir, dans la même famille, dans la famille des solanées, par exemple, à côté de plantes comestibles comme la pomme de terre, des poisons violents comme la jusquiame et la belladone — les différences des plantes ne tiennent pas à la nature de leurs éléments constituants, mais au plan d'après lequel ces éléments sont disposés, au *style*, en quelque sorte, de leurs arrangements moléculaires.

Voilà ce que nous enseigne l'analyse.

Dès lors, la synthèse doit être réalisable. En nous conformant aux conditions dans lesquelles opère la Nature — *Natura naturans* — nous devons pouvoir fabriquer les plantes à volonté, puisque nous savons de quoi elles sont faites, de même qu'on peut fabriquer artificiellement de l'eau, dans des conditions déterminées, avec de l'hydrogène et de l'oxygène, de l'air respirable avec de l'oxygène et de l'azote, du sel de cuisine avec du sodium et du chlore.

Il n'y a plus, en effet, semble-t-il, qu'à mettre à la disposition des végétaux, sous une forme assimilable, les quatorze éléments qui constituent partout et toujours leur étoffe primordiale, et à laisser agir les forces cosmiques.

Tel est le formidable problème que s'est, il y aura tantôt un demi-siècle, posé M. Georges Ville, alors simple étudiant également dénué de prestige et d'argent, et qu'il a résolu avec un succès triomphal.

Sans doute, cela n'est pas allé tout seul.

Quelque simplifiée qu'elle soit, l'œuvre, ainsi ramenée aux proportions d'une équation à quatorze inconnues, ne laisserait pas d'être encore singulièrement délicate, s'il fallait que l'agriculteur restât condamné à fournir à la plante, sur les ressources de sa propre science et de son propre labeur, tout ce dont la plante peut avoir besoin.

Il n'est déjà pas si commode d'associer seulement deux unités chimiques, dans la paix du laboratoire ! Cela ne s'opère guère qu'au prix de manipulations longues, délicates et dispendieuses, lesquelles, par-dessus le marché, ne réussissent pas toujours. Que sera-ce donc s'il s'agit d'opérer, en plein champ, au milieu du conflit des éléments ingouvernables, sur d'énormes quantités, proportionnellement à l'étendue des surfaces cultivées, et de fournir aux plantes, à l'état de fumures, non plus deux substances, mais *quatorze*, dosées et combinées en conformité des exigences et des goûts de tant de types végétaux irréductibles?

N'est-ce pas là l'une de ces conceptions utopiques qui, s'achoppant aux difficultés de la pratique, défient les efforts, la patience et le génie des alchimistes les plus habiles et des magiciens les plus puissants?

En réalité, il n'en est rien, et dame Nature se chargeant, comme on va le voir, des quatre-vingt-dix-sept centièmes de la besogne, cette spécieuse objection se résout, en définitive, en une illusion d'optique mentale.

Il faut à l'individu végétal, coûte que coûte, quatorze éléments; mais il s'en faut que cette créance en quatorze termes soit tout entière à la charge de l'agriculteur.

Les quatorze éléments n'ont, en effet, ni la même genèse ni la même valeur.

III

La Genèse végétale.

Tout d'abord, sur les quatre éléments organiques, il en est trois qui ne proviennent pas du sol.

C'est le cas du carbone — dont la plante s'approvisionne, spontanément et directement, aux inépuisables réservoirs de l'atmosphère.

L'air, on le sait, contient une certaine quantité d'acide carbonique, qui, sous l'action de la lumière solaire, est refoulé dans l'intimité des tissus végétaux. Là, il se décompose, l'oxygène s'éliminant au dehors, et le carbone demeurant fixé dans l'organisme, où, pour le retrouver, sous forme de charbon, de suie ou de fumée, il suffit de calciner — de *carboniser* — la plante.

Quant à l'oxygène, c'est en partie à l'air atmosphérique (composé d'oxygène et d'azote), en partie aux pluies qui ont imbibé le sol, que la plante l'emprunte.

C'est également de l'eau (composée d'hydrogène et d'oxygène), de l'eau tombée du ciel ou de l'arrosoir, que dérive son hydrogène.

Or, il faut qu'on sache que les végétaux, qui ne sont guère pour ainsi dire que de l'humidité condensée et de l'air épaissi, contiennent en moyenne 47 pour 100 de carbone, 40 pour 100 d'oxygène et 6 pour 100 d'hydrogène.

D'où cette conséquence, que, si nous laissons de côté — sauf à y revenir plus tard — l'azote (1 1/2 pour 100), les éléments organiques représentent ensemble les *quatre-vingt-treize centièmes* de la plante (1).

(1) Voici, exactement, l'analyse du blé :

Carbone	47.69
Hydrogène	5.54
Oxygène	40 32
Soude	0.09
Magnésie	0.21
Soufre	0.31
Chlore	0.04
Oxyde de fer	0.006
Silice	2.75
Manganèse	0.05
Azote	1.60
Acide phosphorique	0.45
Potasse	0.66
Chaux	0.29
Total	100

Cela veut-il dire que, pour obtenir un kilogramme de récolte, il faudra vider sur les sillons des siphons d'oxygène, y insuffler du gaz hydrogène et y enfouir du poussier de charbon jusqu'à concurrence de 93 grammes ?

Pas le moins du monde !

Quelque considérable que soit la proportion selon laquelle ces trois facteurs entrent dans la composition de l'individu végétal, il n'y a pas lieu d'en avoir cure, l'atmosphère et le ciel se chargeant, avec la collaboration de Phœbus et de saint Médard, de les fournir *in æternum* à la plante, à « stomate » que veux-tu.

Première élimination. Ce n'est pas la dernière...

Parmi les dix éléments minéraux, il en est sept au moins dont il n'y a pas à se préoccuper davantage, par cette simple mais excellente raison que la terre la plus maigre et la plus pauvre en est toujours surabondamment pourvue, et qu'ils sont à la glèbe ce que le sel est aux flots amers de l'Océan. Il y en a toujours assez !

Ces sept éléments — négligeables — qui constituent encore, à eux sept, plus de trois nouveaux centièmes de la plante, sont la soude, la magnésie, le chlore, la silice, le fer, le manganèse et le soufre.

Ce qui, finalement, avec les 93 centièmes 1/2 de l'hydrogène, de l'oxygène et du carbone, donne un total de près de *quatre-vingt-dix-sept centièmes* s'incorporant *sponte suâ* au végétal et se fixant dans la trame de ses tissus, à titre de particules intégrantes et de substance vive, *gratis pro Deo*, par l'opération du Saint-Esprit.

La plante, en d'autres termes, vit, dans une mesure de 97 pour 100, de l'air du temps, de la poussière des guérets d'*aqua simplex*... et d'amour — toutes denrées qui n'imposent même pas la peine de se baisser pour les prendre.

Mais sept et trois font dix, si je ne m'abuse, dans tous les temps et dans tous les pays. Ce qui revient à dire que, pour le chimiste agriculteur, pour le fabricant de végétaux, les quatorze éléments se ramènent, d'élimination en élimination, dans la réalité pratique, à quatre éléments, aux quatre éléments dont nous n'avons pas encore parlé — *l'azote, l'acide phosphorique, la potasse* et *la chaux* — TROIS POUR CENT !

Par exemple, il n'y a pas moyen de se passer de ces quatre éléments cardinaux, les fertilisants par excellence, le véritable sel de la terre, le ferment qui seul peut faire lever la pâte végétative.

Sans azote, sans acide phosphorique, sans potasse et sans chaux, la végétation chôme. Il semble que ces quatre corps recèlent en eux, emmagasinée à l'état virtuel, la force végétative qui, grâce à eux, devient divisible et transportable, ni plus ni moins que la force mécanique cristallisée sous les espèces et apparences d'un bloc de charbon de terre ou d'une cartouche de dynamite.

De même qu'on peut calculer combien un wagon de houille ou un tonneau de poudre représentent de chevaux-vapeur ou de journées d'hommes, on peut également calculer, mesurer d'avance en kilogrammes de sucre ou en quintaux de farine, en grappes de raisin ou en gerbes de blé, la quantité de fertilité — cette chose abstraite, insaisissable comme une vertu ! — à laquelle équivaut une tonne de ces poudres de perlimpinpin.

Dès lors tout s'éclaircit, tout s'illumine, tout se simplifie !

Associez aux doses convenables, que, seule, la pratique tâtonnante a pu arriver à déterminer exactement, les quatre substances fertilisantes, et vous avez en main de quoi satisfaire à toutes les exigences de la végétation. Vous pouvez fabriquer des plantes à volonté.

Voilà, à traits sommaires et rapides, la doctrine des engrais chimiques, voilà la synthèse végétale, voilà l'agriculture de l'avenir !

IV

Culture sans terre.

Ce ne sont là — qu'on le sache ! — ni des hypothèses gratuites, ni des conjectures hasardeuses et invérifiées. Ce sont des faits authentiques et patents, d'où se dégagent des lois aussi certaines que celles qui président aux mouvements des étoiles ou à la chute des corps.

C'est ce qui résulte d'une série d'expériences et de contre-expériences minutieuses, d'une précision, d'une rigueur et d'une originalité à confondre l'imagination, audacieusement entreprises et patiemment conduites, pendant de longues années, par M. Georges Ville, et qui ne sauraient trop être vulgarisées.

Si tout ce que je viens de dire est vrai, il s'ensuit — logiquement — que l'homme peut, n'importe quand, n'importe où, à la seule condition d'avoir, en abondance, l'eau, l'air et la lumière, improviser à sa guise des plantes de toute espèce, qu'il gavera méthodiquement comme on gave des oiseaux en cage, et que la science agronomique va se pouvoir affranchir des fatalités du milieu.

Il s'ensuit même — non moins logiquement — que la terre elle-même, qui fut si longtemps considérée comme le *substratum* essentiel de l'agriculture, son instrument nécessaire et primordial, son fonds et son tréfonds, est presque une superfétation, et que, s'il le fallait, on pourrait se passer de son concours aléatoire et capricieux.

De grâce, qu'on ne se hâte pas de crier à l'invraisemblance, au paradoxe !

L'invraisemblance, en effet, s'est, il y a bel âge, entre les mains des thaumaturges, transformée en réalités que tout un chacun, avec des soins et de l'ingéniosité, peut reproduire *ad libitum*.

Le paradoxe s'est fait chair et il a habité parmi nous.

Le blé artificiel.

Prenez un pot de porcelaine réfractaire imperméable, et remplissez-le de verre pilé ou de sable rougi au feu, c'est-à-dire de silice pure.

Sur cette terre de désolation, à peu près aussi fertile qu'une dalle de marbre ou qu'une plaque de fonte, semez, après arrosage préalable à l'eau distillée, vingt grains de blé, pesant un gramme en moyenne.

Assurément, la récolte sera médiocre, mais elle ne sera pas nulle. Les chaumes, gros comme des aiguilles à tricoter, n'atteindront pas vingt-cinq centimètres de hauteur. Les épis, à peu près vides, mesureront à peine un centimètre de longueur... Mais il n'y en aura pas moins un excédent de la récolte sur la semence, excédent qui se chiffrera par 5 ou 6 grammes, et ce sera la preuve que la plante peut tirer des sources ambiantes, c'est-à-dire de l'air et de l'eau, un appréciable surplus de substance.

Allez plus loin ! A la semence et au sable, ajoutez du charbon. L'effet ne sera pas meilleur : cinq ou six grammes de récolte au maximum...

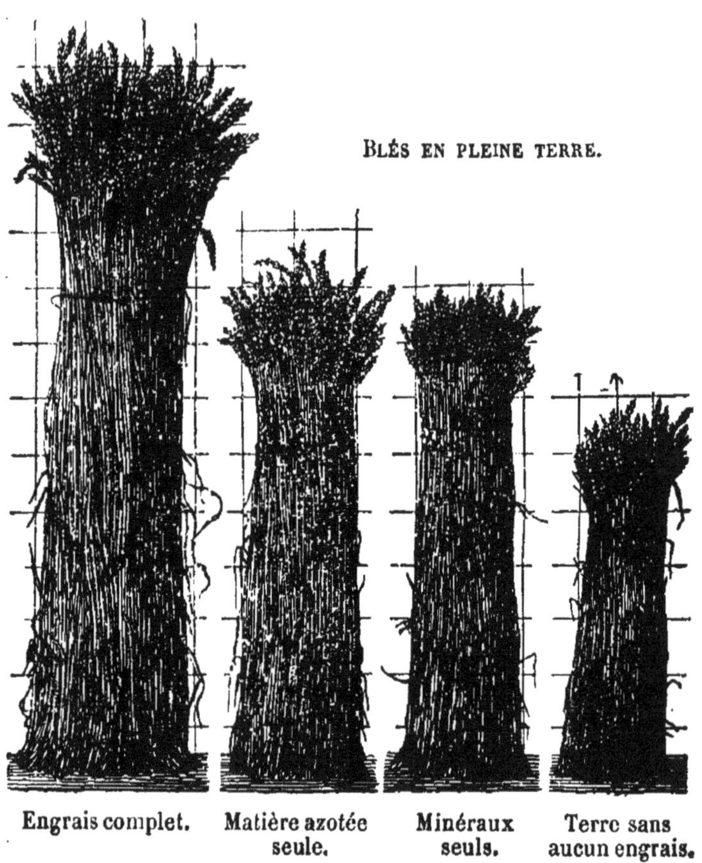

Résultat étrange ! Le blé contient de 45 à 50 pour 100 de carbone, c'est-à-dire de charbon, et, pourtant, le carbone, ajouté à la terre, n'exerce sur lui aucune influence. C'est donc que le blé prend son carbone ailleurs que dans le sol où plongent ses racines. Et où le prendrait-il, si ce n'est dans l'acide carbonique de l'atmosphère ?

Faites une troisième expérience.

En sus du carbone, ajoutez au sable les dix éléments mi-

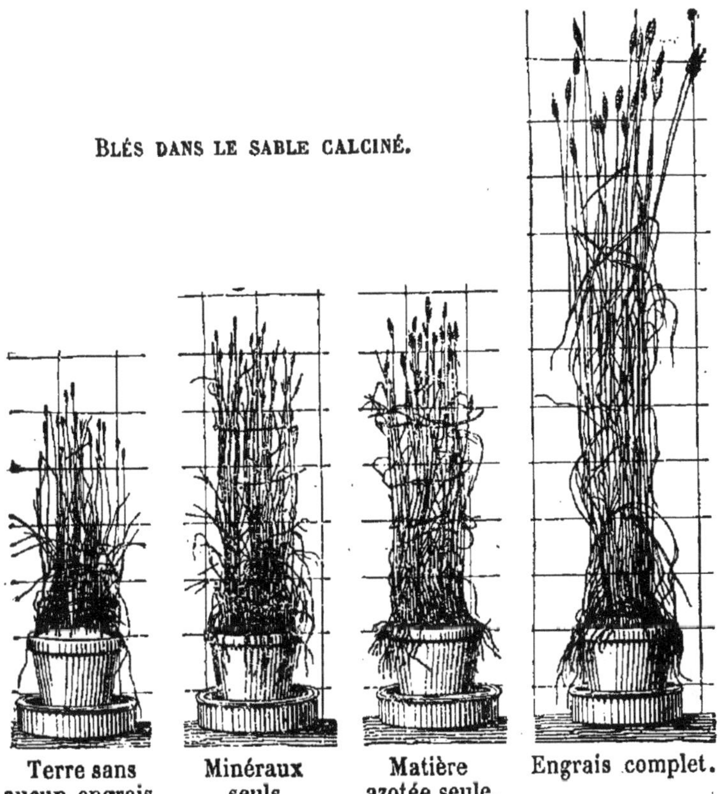

néraux qui restent à l'état de cendres après l'incinération des végétaux. Cette fois, vous n'aurez plus seulement 6 grammes, mais 8 grammes de récolte... L'amélioration est indéniable, mais le résultat est toujours précaire.

D'où cette conclusion instructive que treize éléments sur

quatorze, s'ils suffisent à faire vivre la plante, ne suffisent pas à lui assurer son développement intégral et la plénitude de son essor.

Remplacez maintenant les dix éléments minéraux par le quatrième élément organique, par l'azote, dont les plantes contiennent à peine 2 pour 100.

Immédiatement, la plante témoigne d'une vitalité surprenante. De pâles, jaunes, frêles et molles qu'elles étaient au cours des précédents essais, les feuilles deviennent larges, robustes, étoffées, et prennent une belle coloration foncée, comme si, brusquement, une sève plus riche s'était mise à courir le long de leurs fibres galvanisées.

D'autre part, la récolte s'élève de 8 grammes à 9 grammes.

Suivez la progression :

	Récolte
Dans le sable pur.	5 à 6 grammes
Avec les dix minéraux sans azote. . .	8 »
Avec l'azote seul	9 »

L'azote joue donc un rôle considérable dans la vie végétale.

Pour épuiser la gamme des combinaisons possibles, il reste une suprême tentative ; il reste à combiner les deux dernières expériences et à associer l'azote aux minéraux...

Ici, c'est un coup de théâtre, un changement à vue !

Dans ce sol artificiel, absolument inerte en soi, aride et stérile, le blé va pousser aussi bien que dans la meilleure terre. La paille va mesurer plus d'un mètre de hauteur, avec des feuilles épaisses, planturcuses, d'un vert sombre et gras, suant la force et la santé ; les épis, archi-pleins, auront 5 ou 6 centimètres de longueur ; le poids de la récolte atteindra 30, 40, 50 grammes ou davantage. Cette fois le résultat est complet. La végétation est conquise. Le sphinx a livré le mot de l'énigme.

Sur un sol artificiel, préalablement dépouillé de tout ce qui, de près ou de loin, peut ressembler à un gage de fertilité, sur une terre idéalement mauvaise, pour ne pas dire *sans terre*, on peut faire pousser du blé. Dans un panier à salade, sur de la mousse sèche, on peut faire aussi bien pousser des pommes de terre, de la salade ou des fleurs, et obtenir en chambre des récoltes fantastiques. Il suffit, pour donner un corps à ce conte de fée, de fournir à la plante onze seulement sur quatorze des éléments indispensables et fondamentaux qui la constituent, les trois autres éléments (hydrogène, oxygène et carbone) procédant en dehors de toute intervention humaine, de deux sources naturelles absolument gratuites : l'air atmosphérique et l'eau du ciel.

Voilà pour la théorie ! Mais, dans la pratique, le problème est encore infiniment moins complexe et moins ardu.

La théorie et la pratique.

Si, dans le sable calciné, sans terre proprement dite, les plantes exigent l'addition des onze éléments — les dix minéraux et l'azote — dans la terre naturelle du premier champ venu, on peut réduire ce nombre à quatre, puisque sept minéraux sur dix (soude, magnésie, soufre, chlore, fer, silice et manganèse) sont toujours contenus en quantité plus que suffisante dans les sols les plus mal partagés.

D'où cette conclusion finale et sans appel que, avec quatre

corps — l'acide phosphorique, la potasse, la chaux et l'azote — on peut satisfaire à tous les besoins de la culture.

La terre, en un mot, ne renferme point en elle-même et par elle-même je ne sais quelle mystérieuse vertu créatrice.

CHANVRES.

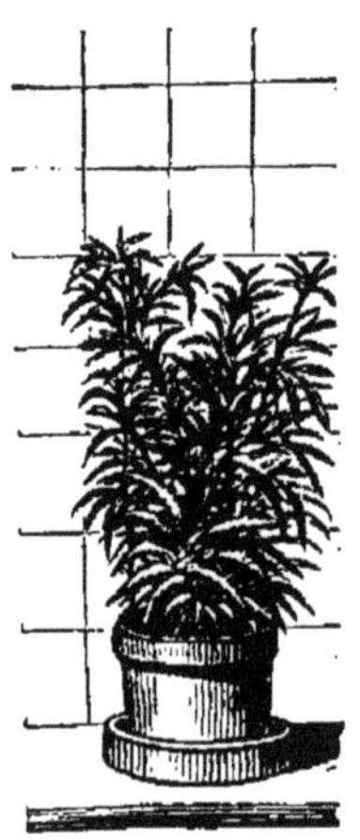

Sans potasse.

Sans engrais aucun.

Elle est tout simplement le support de la végétation, le magasin où, pour une toute petite partie de leur alimentation courante, s'approvisionnent les végétaux, l'immense alambic sensible où, sous l'influence des forces cosmiques et de la silencieuse cuisine perpétrée par une invisible armée de ferments et de microbes, les plantes distillent elles-mêmes les substances indispensables à l'autocréation, à la self-conservation et au développement automatique de leurs organes et de leurs tissus.

Les plantes pourraient, à la rigueur, se passer de la terre. Il suffirait de mettre à leur disposition tout ce que l'air et l'eau ne peuvent pas leur fournir (7 0/0).

— « Donnez-moi un point d'appui, » disait Archimède, « et je soulèverai le monde. »

CHANVRES.

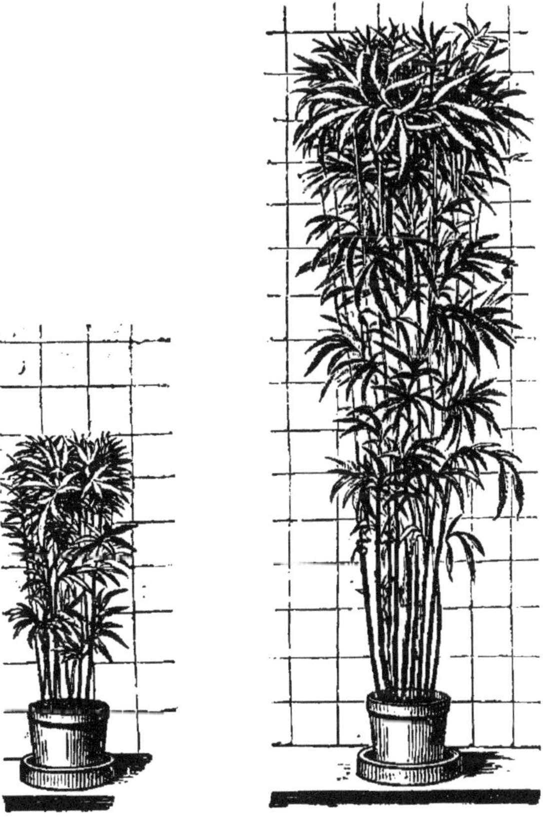

Minéraux seuls. Engrais complet.

— « Donnez-moi des engrais chimiques, » peut dire aujourd'hui Son Omnipotence la Chimie agricole, « et je vais mettre en culture la tour Eiffel, dont le sol métallique ne doit pas être cependant le *nec plus ultra* de la fécondité. »

L'engrais chimique, voilà le point d'appui !

Toute fantaisie à part, il suffit d'ajouter à la terre, — à n'importe quelle terre ! — sous forme d'engrais chimique, la quantité nécessaire d'azote, d'acide phosphorique, de potasse et de chaux pour la garantir contre l'épuisement, pour lui donner la fertilité qu'elle n'a pas, pour lui rendre la fertilité perdue.

Si, sans terre, dans le sable calciné, c'est-à-dire dans l'absolu, il faut, pour engendrer la vie, employer l'azote et les sels minéraux, dans la pratique, en pleine terre, sept minéraux sur dix sont inutiles.

Il ne faut rien de plus que l'azote, la chaux, la potasse et l'acide phosphorique.

La réunion de ces quatre corps constitue *l'engrais complet* et assure à l'activité végétale son maximum de puissance.

V

Les Dominantes.

Pour gouverner souverainement cette activité végétale, pour la diriger au mieux des intérêts de la production et réussir à la régler avec autant de précision et de maitrise qu'un mécanicien règle sa machine, il ne reste plus qu'à apprendre à en varier la recette et à en graduer les effets, suivant la constitution du terrain, suivant aussi les affinités de l'espèce cultivée.

Toutes les terres, en effet, ne réclament pas les quatre

éléments fertilisants à la même dose ou avec le même caractère d'urgence et de nécessité.

L'épuisement ou la stérilité d'un sol peuvent tenir à l'absence simultanée des quatre facteurs de la fertilité.

Mais il n'en est pas toujours ainsi, et le même résultat peut également provenir de la disette ou de l'insuffisance d'un seul de ces facteurs dont l'action bienfaisante, fruit de leur étroite solidarité, ne se manifeste qu'à la condition qu'ils soient associés tous les quatre en convenables proportions. Ici, c'est la potasse qui fait défaut; là, c'est l'azote; ailleurs, le phosphate de chaux...

Engrais complets. — Engrais complémentaires.

Sans doute, en ajoutant de l'engrais *complet*, qui contient les quatre éléments, c'est-à-dire *la fertilité tout entière*, on remettra les choses au point.

Mais à quoi bon saturer d'azote une terre qui n'a besoin que de potasse?

A quoi bon donner de l'acide phosphorique à une terre qui n'en manque point, mais qui réclame de l'azote?

A quoi bon porter de l'eau à la rivière?

En l'espèce, l'engrais complet représenterait du superflu; son emploi inconsidéré constituerait un gaspillage.

C'est alors qu'apparaît l'engrais — non plus *complet* — mais *complémentaire*, dont le rôle et le but consistent seulement à adjoindre à l'apport naturel et spontané du sol l'appoint plus ou moins considérable de l'élément ou des éléments qui manquent, à *compléter*, en un mot, l'approvisionnement végétatif et « phyllogène » du champ, et à en combler les lacunes, en donnant seulement la potasse où la potasse seule paraît s'épuiser, l'acide phosphorique où la déphosphoration se fait sentir, l'azote où l'azote seul fait défaut.

Ce n'est pas seulement, au surplus, d'après la nature et l'état du sol que doivent varier la composition et le dosage de l'engrais.

C'est aussi d'après l'espèce végétale cultivée.

Ce second point a même infiniment plus d'importance que le premier, et il est permis de dire qu'il est le nœud, le cœur même de la doctrine.

De gustibus non disputandum.

Si toutes les plantes exigent impérieusement la potasse et l'azote, l'acide phosphorique et la chaux, ce n'est ni avec la même rigueur, ni au même taux, ni dans les mêmes proportions. Chacune d'elles, au contraire, a ses goûts spéciaux, qu'il n'est pas permis de discuter, ses idiosyncrasies, ses préférences personnelles, son péché mignon.

Instituez, par exemple, sur le froment quatre séries d'expériences parallèles.

Dans la première, donnez à la terre de l'azote, du phosphate de chaux et de l'azote — *l'engrais complet :* vous aurez une très belle récolte.

Forcez la dose du phosphate de chaux : la récolte n'augmentera pas, mais elle ne diminuera pas davantage.

Forcez la dose de la potasse : rien encore, le résultat demeure identique.

Mais si vous forcez la dose de l'azote, il n'en sera plus

de même, et la récolte va s'accroître dans une mesure inattendue.

Avec un engrais complet contenant 40 kilogrammes d'azote, vous aviez 20 hectolitres à l'hectare. Avec 80 kilogrammes d'azote, vous en aurez 35 ou 40.

C'est donc que le blé a surtout besoin d'azote ; c'est donc que, dans la vie du blé, c'est l'azote qui est le facteur électif et l'agent régulateur.

Appliquez maintenant la même méthode d'expérimentation à la pomme de terre. Vous obtiendrez des résultats analogues, à cette différence près que le rôle joué par l'azote à l'égard du blé passe, en ce qui concerne la pomme de terre, à la potasse.

Avec le maïs ou la canne à sucre, en revanche, ce serait à l'acide phosphorique que, dans l'indissoluble quatuor, reviendrait la prééminence.

En d'autres termes, chacun des quatre facteurs, également nécessaires, de l'engrais reconstituant, remplit, suivant la nature des plantes visées, tantôt des fonctions prépondérantes, tantôt des fonctions subordonnées, et, tour à tour, sert d'élément pivotal ou directeur — de *dominante* — ou passe au rang de comparse, sans pouvoir jamais cependant s'effacer tout à fait.

D'où cette conclusion que, pour faire rendre à l'engrais complet tout ce qu'il peut rendre, il faut tout d'abord rechercher quelle est la dominante de chaque végétal en particulier, afin de pratiquer la fumure en conséquence.

Les plantes sont comme les gens, on ne les prend que par leur faible.

Inutile, évidemment, de leur donner l'oxygène, l'hydrogène et le carbone, puisqu'elles peuvent en prendre leur saoul dans l'air et dans l'eau.

Inutile également de leur donner du soufre, de la soude, de la magnésie, du chlore, de la silice, du manganèse ou du fer, puisque le sol le plus déshérité en contient à revendre.

Mais rendez à la terre, sous la forme d'un engrais complet, c'est-à-dire d'un engrais contenant les quatre substances *épuisables* — l'azote, la potasse, le phosphate et la chaux — les éléments que lui ont pris les récoltes antérieures.

Si, par-dessus le marché, vous forcez la dose d'azote pour les plantes dont la dominante est l'azote — comme le blé — et qui en manquent ; si vous forcez la dose de potasse pour les plantes dont la dominante est la potasse — comme la pomme de terre — et qui en manquent ; si vous forcez la dose de chaux pour les plantes dont la dominante est la chaux — comme le trèfle — et qui en manquent ; si vous forcez la dose de phosphate pour les plantes dont la dominante est l'acide phosphorique — comme le maïs — et qui en manquent... vous aurez assuré aux plantes les conditions de développement les plus favorables. Vous les aurez contraintes à vous rendre au centuple l'avance d'hoirie que vous leur aurez faite. Vous aurez créé une véritable fabrique de produits végétaux de tous points comparable à la mieux ordonnée des manufactures de produits chimiques !

VI

L'Azote et la Sidération.

Au point où, progressant pas à pas, par déductions logiques et par étapes expérimentales, j'en suis enfin arrivé, je pourrais dire que la théorie des engrais chimiques, qui contient en germe toute l'agriculture intensive et hyperfructueuse de demain, a été définie, sommaire-

COLZAS.

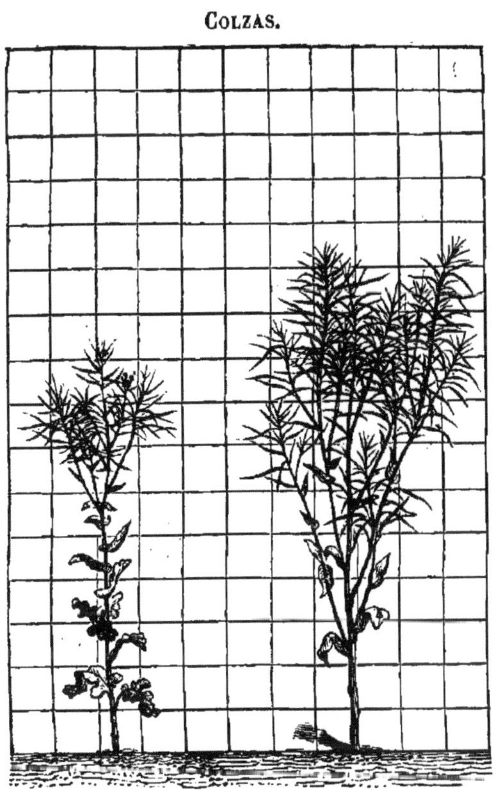

Terre sans engrais. Minéraux seuls.

ment peut-être, mais intégralement, et qu'il ne reste plus à apprendre aux praticiens que les détails de l'application courante, si l'un des quatre facteurs cardinaux de la fertilité — l'azote — ne présentait, au moins en apparence, certaines anomalies, grosses de conséquences incalculables, qu'il faut, à tout prix, expliquer et éclaircir.

Toutes les plantes, sans exception, ont besoin d'azote. En dépit de son funèbre nom, tiré du grec (de *a* négatif et de *zoëin*, vivre), l'azote est essentiel à la vie végétale. Il est même certaines plantes, comme le blé, la betterave et le colza, dont il est la condition *sine quâ non* et la garantie d'existence, l'élément recteur, *la dominante*.

Mais il est, en revanche, certaines autres plantes — dont le trèfle et la luzerne sont les spécimens les plus accomplis — auxquelles il n'est pas besoin de donner la moindre parcelle d'engrais azoté. Non pas qu'elles n'en aient pas besoin, mais parce qu'elles possèdent la singulière faculté de pouvoir puiser, automatiquement et directement, leur azote, comme leur carbone, dans l'air ambiant.

Tel est, je le répète, le cas du trèfle et de la luzerne ; tel est aussi le cas de toutes les légumineuses ; tel est le cas des arbres fruitiers.

Ce qui revient à dire que les végétaux peuvent se diviser en deux grands groupes irréductibles :

1° Les végétaux qui prennent leur azote, à l'état gazeux, dans l'atmosphère, dont les réserves, étant inépuisables, n'ont pas besoin d'être renouvelées ;

2° Les végétaux qui prennent leur azote, sous forme d'engrais, dans le sol, où il s'épuise, et dont il faut, en conséquence, au fur et à mesure de la consommation, reconstituer le stock.

Et la différence entre ces deux classes, de tempérament et de mœurs inconciliables, est si nette et si tranchée, que, loin de servir aux plantes de la première catégorie, l'addition d'un engrais azoté, indispensable aux plantes de la seconde, paraît plutôt leur nuire et paralyser leur évolution. Sans azote, par exemple, le trèfle réussit mieux

COLZAS.

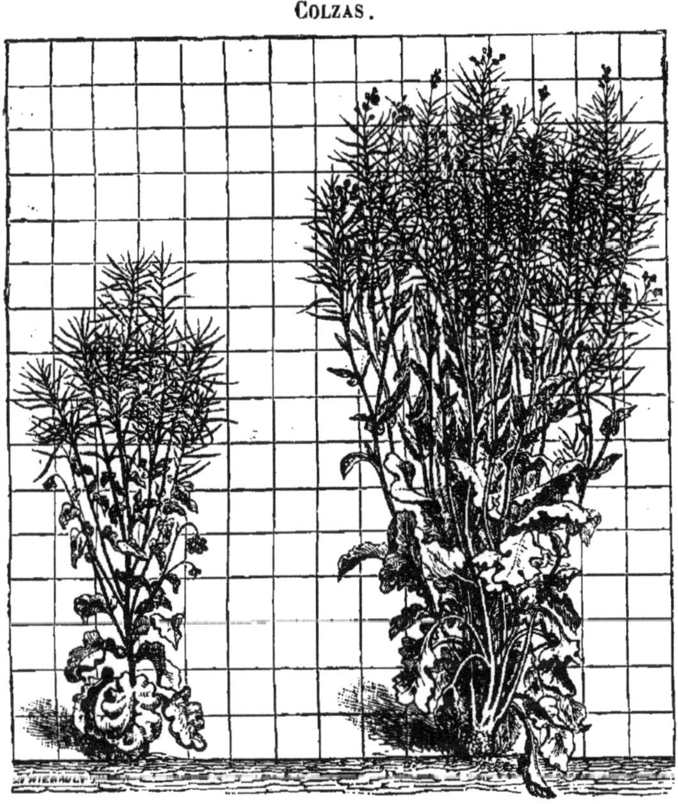

Matière azotée seule. Engrais complet.

qu'avec l'engrais complet, et, n'en déplaise aux tardigrades, la vigne elle-même loge à la même enseigne.

Nié pendant quarante ans, avec un acharnement fanatique, ce fait est désormais admis et reconnu partout, définitivement consacré et acquis sans appel à la science.

Il y a bel âge, dès 1849, bien des lustres avant les plagiaires allemands Hellriegel et Wilfarth, auxquels on prétend attribuer aujourd'hui l'honneur exclusif de la découverte, que M. Georges Ville en a fourni, contre Boussingault, la preuve expérimentale.

Il n'y a pas à s'inscrire en faux là contre :

Certaines plantes — les légumineuses, notamment, et les arbres fruitiers — ont la faculté de s'assimiler directement l'azote de l'air *à l'état gazeux*, tandis que l'azote, à l'état de nitrates ou de sels ammoniacaux, leur est indifférent, voire même nuisible.

La chose a, sans contredit, dans la pratique, une importance énorme.

Non seulement, en effet, cela permet, pour les plantes qui, comme les haricots, « fils du printemps », et le sainfoin, savent soutirer et fixer sans plus de façons l'azote atmosphérique, de faire l'économie des engrais azotés, mais cela permet davantage.

Puisque certaines plantes privilégiées sont, en quelque sorte, des accumulateurs automatiques d'azote, on va pouvoir les utiliser pour fabriquer économiquement de l'azote à l'usage des autres plantes qui n'ont pas la même vertu.

En alternant ou en mélangeant les cultures des céréales et des légumineuses, on va pouvoir rendre sans frais à la terre, par l'intermédiaire de celles-ci, l'azote consommé par celles-là.

Prenez un champ pauvre en azote. Semez-y du trèfle, dont vous enterrerez la récolte en vert, et semez du blé par-dessus.

Point ne sera besoin d'y mettre ensuite de l'engrais azoté: les trois minéraux complémentaires (potasse, phosphate e chaux) suffiront amplement, le trèfle — qui justement signifie « argent » — fournissant au sol l'azote qui lui manquait et que la chaleur et la lumière du soleil auront fixé dans ses tissus à l'état organique.

Dès lors, le blé, qui est pourtant une plante à dominante d'azote, c'est-à-dire une plante particulièrement avide d'azote, va pousser comme par enchantement... sans azote.

C'est la *sidération*, pour employer l'heureuse expression de l'homme de génie qui a fondé la méthode.

C'est le travail des astres (*sidera*), le travail du soleil, substitué au travail de l'homme.

C'est la végétation obligée de collaborer elle-même — « en court circuit », dirait un électricien — à son propre développement.

Comment imaginer une révolution plus grandiose et plus féconde ?

Et comme nous voilà loin des misérables méthodes de l'agriculture d'antan, si humble, si tâtonnante et si routinière, dont l'étroit horizon ne dépassait jamais les bords fangeux de la fosse à fumier !

VII

Comme quoi le fumier est un préjugé.

De tout temps, sans doute, de par une sorte d'instinct empirique, on a senti le besoin de rendre à la terre tout ou partie des éléments de fécondité que la culture lui avait pris, et d'enrayer ainsi son appauvrissement graduel et fatal.

Mais pour opérer cette reconstitution, on n'avait que le fumier. C'est le fumier, le fumier seul, qui, pendant des siècles, a dû suffire tant bien que mal aux besoins de l'industrie agricole.

Or, qu'est-ce que le fumier ?

Le fumier, l'antique et vénérable fumier, terme suprême de l'expérience des anciens âges, le fumier n'est autre chose que de l'*engrais chimique de mauvaise qualité.*

Sur 100 kilogrammes de fumier, il y a d'abord 80 kilogrammes d'eau.

Il est bien évident que ce n'est pas par l'eau que le fumier est utile. Sous ce rapport, la moindre averse est mille fois plus efficace. En déplaçant 100 tonnes de fumier, vous déplacez donc en pure perte 80 tonnes d'humidité, de matière inerte et sans valeur.

Premier résultat : 100 parties de fumier ne contiennent en réalité que 20 parties de matière sèche.

Mais, au moins, ces 20 parties de matière sèche sont-elles actives et utiles ?

Il s'en faut — et de beaucoup !

De ces 20 parties, il y a lieu de distraire 13 parties, figurées par les fibres ligneuses qui ont résisté aux sucs gastriques et aux ferments de la putréfaction, 13 parties dans lesquelles l'analyse chimique ne nous montre que du carbone, de l'oxygène et de l'hydrogène, toutes substances que point n'est besoin — nous le savons de reste — de donner à la plante, puisque l'air et l'eau les lui fournissent en surabondance.

Voilà donc la fraction efficace du fumier réduite à 7 0/0.

Ces 7 parties sur 100 nous sont-elles, au moins, acquises? En peut-on tirer intégralement parti ? Pas le moins du monde !

Analysez ces 7 pour 100, et vous trouverez que 5 1/2 pour 100 représentent les minéraux de second ordre et d'arrière-plan — la silice, le fer, la soude, le chlore, le soufre, le manganèse et la magnésie — dont toute terre, quelle que soit sa pauvreté, est toujours sursaturée.

Il reste donc, comme formule finale de la valeur fertilisante de 100 kilogrammes de fumier, 1,500 (exactement : *seize cent vingt grammes* 1/2) qui se décomposent ainsi :

Acide phosphorique. . . .	130	grammes
Potasse.	490	—
Chaux.	550	—
Azote.	450	—

Précisément — mais dans quelles proportions minuscules ! — les quatre termes de l'engrais chimique ! ! !

Conclusion :

Le fumier doit ses effets — *relativement* bons — aux mêmes agents que l'engrais chimique (1). En réalité, c'est

(1) Comment l'engrais chimique se rattache au fumier :

Fumier.		100	
Eau.		80.00	Ci : 80 % sans utilité pour les plantes.
Fibres ligneuses.	Carbone. . . .	6.80	Ci : 13.29 % qui proviennent de l'air et de la pluie.
	Hydrogène. . .	0.82	
	Oxygène. . . .	5.67	
Minéraux secondaires.	Silice.	4.32	Ci : 5.09 % dont le sol est surabondamment pourvu, et qu'il n'y a pas besoin de lui donner.
	Chlore. . . .	0.04	
	Acide sulfurique.	0.13	
	Oxyde de fer. .	0.34	
	Soude. . . .	0.02	
	Manganèse. . .	0.24	
Partie active.	Azote.	0.45	Ci : 1.62 % d'*engrais chimique*, dont le sol n'est pourvu qu'en quantité limitée et qu'il faut lui restituer.
	Acide phosphorique. . . .	0.13	
	Potasse. . . .	0.49	
	Chaux. . . .	0.55	
	Total :	100.00	

un engrais chimique où beaucoup de matière inerte et de gangue onéreuse accompagne, praline et surcharge une pincée de produits utiles.

Le fumier est à l'engrais chimique ce que la quinine est au quinquina, ce que le minerai brut est au métal affiné.

Le fumier et l'engrais chimique agissent finalement de même : c'est tout simple. Est-ce que le vin le plus faible et le plus plat ne grise pas à la longue, tout comme l'alcool concentré auquel il doit sa force enivrante ?

Il n'y a qu'une différence : c'est que l'engrais chimique, qui est la quintessence du fumier, possède une efficacité plus grande et une certitude supérieure — parce qu'il est dépouillé de tout *impedimentum* inutile, parce que tout y est soluble, actif, immédiatement assimilable.

Cette première infériorité du fumier — provenant de sa constitution elle-même — saute tout de suite aux yeux. Mais elle n'est pas la seule.

L'expérience et la science, la pratique et la théorie ont établi que la composition et le dosage de l'engrais doivent varier avec la nature des plantes, chaque espèce ayant sa *dominante*, qui est la condition essentielle et régulatrice de sa végétation propre, et sans laquelle les autres éléments n'agissent pas ou agissent mal. Au froment, aux betteraves, au colza, il faut de l'azote en surabondance ; au seigle, il en faut peu ; aux légumineuses, il n'en faut pas du tout. Pour les arbres fruitiers, pas besoin d'azote : c'est à la potasse que revient la prééminence. Le maïs, au contraire, et la canne à sucre, pour une dose modérée d'azote, réclament une forte dose de phosphate de chaux.

Là est, dans l'agriculture nouvelle, le secret du succès.

Comment appliquer ces prescriptions, comment observer ces règles, si l'on emploie le fumier tout seul ? Comment répartir les différents éléments fertilisants suivant les exigences des espèces végétales ? Comment en proportionner les doses ?

Voici une vigne, par exemple. Elle a surtout besoin de potasse, car la potasse est sa dominante : sans potasse, pas de raisin ! Si vous mettez du fumier, cela ne vous avancera guère, car le fumier, nous le savons, contient très peu de potasse — pas cinq cents grammes sur 100 kilos... Qu'allez-vous faire ? Tripler, quadrupler, décupler la quantité de fumier ? Soit ! Vous allez, sans doute, augmenter ainsi la dose de potasse, mais vous allez, du même coup, augmenter proportionnellement la dose du phosphate et de la chaux, dont la vigne n'avait pas grand besoin, et la dose de l'azote, dont elle n'avait pas besoin du tout. Ce sera une perte sèche, de l'argent jeté par la fenêtre.

Le fumier formant, en effet, un tout indivisible, on peut bien, avec lui, varier la dose des fumures, mais on ne peut varier ni leur composition ni les proportions respectives de leurs éléments constituants.

Avec les engrais chimiques, éminemment plastiques, souples, divisibles et maniables ; avec les engrais chimiques, qui sont quelque chose comme l'extrait sublimé du fumier ; avec les engrais chimiques, que l'on sépare, que l'on combine et que l'on dose, en quantité et en qualité, *ad libitum* — tout, en revanche, devient possible, et la pondération des divers termes de la fumure en conformité des besoins différents des différentes plantes, n'est plus qu'une facile question d'expérience et de savoir-faire.

Nous savions déjà qu'il est possible de cultiver sans terre; voici maintenant que nous apprenons qu'on peut cultiver sans fumier. L'engrais chimique suffit à tout!

Sans doute, le fumier n'est pas inutile, puisqu'il contient, à l'état potentiel, les éléments de la fertilité, tels qu'on les retrouve dans l'engrais chimique. Mais il n'est ni commode ni suffisant.

Pour en tirer efficacement parti, il faut le *compléter*, en modifiant sa composition par l'addition, sous forme d'engrais chimique, de l'élément régulateur réclamé par la plante visée.

Vous cultivez du blé? Ajoutez au fumier de l'azote, puisque l'azote est la dominante du blé.

Vous cultivez des pommes de terre? Ajoutez au fumier de la potasse, puisque la potasse est la dominante de la pomme de terre.

Vous cultivez du sarrasin? Faites de votre fumier un engrais complet en y ajoutant le phosphate, qui, dans l'espèce, est la dominante.

Le but, en d'autres termes, que doit se proposer l'agriculteur, ce n'est pas de produire du fumier : c'est de donner à la terre, sous une forme quelconque, la somme des agents de fertilité que les plantes réclament, afin d'obtenir, au moindre coût, de chacune d'elles, le maximum de rendement. La question du fumier, dont l'ignorance et les préjugés de nos prédécesseurs avaient fait la question capitale et le nœud gordien du problème agricole, se trouve inopinément ainsi reléguée au second plan.

C'est ici que se découvre, avec toute son ampleur abyssale, le fossé qui sépare l'agriculture du passé de l'agriculture de l'avenir.

VIII

Les Assolements.

Ne médisons point de nos pères. Eux aussi, ils avaient compris déjà la nécessité de nourrir la terre, amaigrie par un enfantement continu. Mais ils n'avaient à lui donner d'autre pitance que le fumier. Or, le fumier, il faut le produire, il faut le fabriquer... L'engrais chimique, au contraire, nous n'avons qu'à le prendre dans les gisements miniers, où dort, inutilisé, cet héritage des âges défunts, qu'une providence tutélaire semble avoir tenu en réserve pour nous permettre d'élever la puissance productive du sol à mesure que la population s'accroît.

Que diriez-vous d'une Société métallurgique, de l'une quelconque de ces grandes manufactures auxquelles il faut des forces motrices énormes, des troupeaux de chevaux-vapeur, et qui, au lieu d'aller s'installer à proximité de riches charbonnages, au lieu de s'alimenter d'énergie aux sources préexistantes, s'aviserait de se créer à elle-même son approvisionnement de combustible, en mettant en forêts entretenues par ses soins une partie de son domaine ?

Eh bien ! la culture basée sur l'emploi exclusif du fumier s'inspire du même principe et gravite autour du même procédé.

Comme la houille, en effet, les engrais chimiques existent à l'état de mines dans les entrailles de la terre. Et l'on voudrait condamner l'agriculture à faire du fumier ! On s'entêterait à sacrifier l'accessoire au principal !

Pourquoi tenir à la forêt, dont le bois, si lent à élaborer, finit par coûter si cher, lorsque vous avez sous les pieds — et sous la main — des dépôts de charbon qu'il dépend de vous d'exploiter pour répandre partout l'abondance et la richesse ?

POMMES DE TERRE.

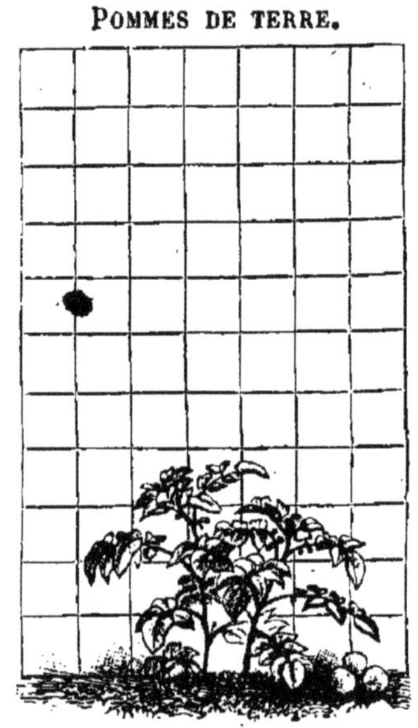

Sans aucun engrais.

Pourquoi tenir au fumier, quand il y a partout, à n'en avoir que faire, à en paver les routes, comme jadis en Espagne et en Russie, — ce qui équivalait presque à paver les routes avec du sucre ou des pains de munition et à arroser les rues avec du vin ! — des monceaux de nitrate et de phosphate, de potasse et de chaux ?

De là découlent les conséquences les plus graves.

Ce que coûte le fumier.

Le fumier, ai-je dit, il faut le produire, et la quantité de fumier produit commande la quantité de la récolte, puisque c'est de la fumure, de la fertilité naturelle ou de la fertilité surajoutée, que la récolte est faite.

POMMES DE TERRE.

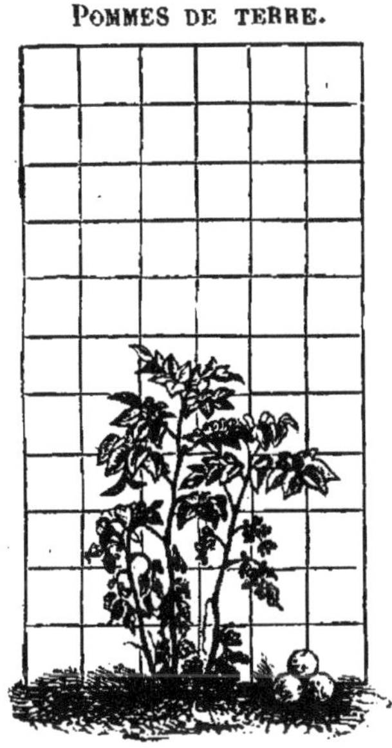

Sans potasse.

Produire du fumier, ce n'est pas toujours chose facile, ni même chose possible.

D'où vient le fumier ? Des plantes modifiées par la digestion des animaux, qui sont comme des manufactures ambulantes de produits chimiques. Le fumier ne peut donc contenir plus ni autre chose que ce que renferment les plantes broutées, mastiquées et digérées. Supposez un sol dépourvu de phosphate. Les plantes qui poussent sur ce sol ne contiendront évidemment pas de phosphate, et le fumier résultant de la trituration intra-stomacale de ces plantes n'en contiendra pas davantage. Dans l'engrais que vous donnerez à la terre, sous les espèces et apparences de ce fumier défectueux, il manquera donc un élément essentiel de fertilité : *le phosphate.*

Vous allez tourner dans un cercle vicieux, dont le centre est la ruine, la ruine inévitable, la ruine nécessaire, la ruine fatale, car si le phosphate manque — et le même raisonnement s'appliquerait aussi bien à l'azote, à la chaux, à la potasse — si l'un quelconque des quatre éléments cardinaux fait défaut, les trois autres, paralysés *ipso facto* et stérilisés, vont recevoir une irrémédiable atteinte.

Mais ne poussons pas les choses au noir.

Supposons que le fumier est un fumier parfait, supposons qu'il réunit tous les inconvénients, mais aussi toutes les vertus d'un fumier idéal.

Pour le produire, ce fumier parfait, il faut du bétail, il faut du foin. Dans la production du fumier, le bétail est la machine et le fumier est le combustible. Force sera donc de convertir en prairie une partie du domaine cultivable.

Sans fumier, pas de blé ! Sans bétail, pas de fumier ! Sans foin, pas de bétail !

La culture du blé (pour ne citer que la plus essentielle de toutes les cultures productives), la culture du blé est subordonnée à l'élevage du bétail, c'est-à-dire, en fin de compte, au développement de la prairie. C'est-à-dire que la moitié de la ferme ne gagne rien, le capital représenté par les troupeaux et la prairie étant, de fait, un capital mort, un organe de transmission, et rien de plus !

Pour remédier aux inconvénients de ce système, l'ancienne agriculture s'était avisée, dans une illumination de génie, d'alterner les cultures. C'est de là que naquit l'assolement triennal, le dernier mot des pratiques d'autrefois.

L'assolement triennal.

Supposons une exploitation de cent hectares.

On la partage en trois soles, successivement interchangeables, de 33 hectares chacune.

La première de ces soles est laissée en jachère, la seconde est cultivée, par exemple, en blé, et la troisième en avoine.

La jachère remplit ici la fonction du volant dans une machine : elle régularise le travail; elle permet d'épargner les efforts désordonnés et improductifs, avec les fausses manœuvres qui en dérivent; elle laisse au sol le temps de se reposer et de se refaire ; grâce à elle, on peut détruire à loisir les mauvaises herbes, aussi avides de fumure que les plantes utiles, et, bien que la surface de culture soit réduite, grâce à la réduction proportionnelle des frais généraux, le rendement n'en est point affecté.

C'est certainement là l'un des plus grands progrès qu'il ait été donné à l'agriculture « vieux jeu » d'accomplir.

Mais ce système, relativement supérieur, n'en a pas moins un vice radical.

Si l'exploitation doit se suffire à elle-même, si elle doit accepter et subir, dans une désastreuse proportion, le mal nécessaire du bétail à élever et du foin à produire, il faut annexer à la culture une surface égale de prairie.

A une culture de 100 hectares, il faut donner comme

soutien, comme magasin d'approvisionnement, 100 hectares de prairie, pour avoir du fumier.

Obligation funeste, puisqu'il est établi que la prairie et le bétail sont, dans ces conditions, de véritables charges,

POMMES DE TERRE.

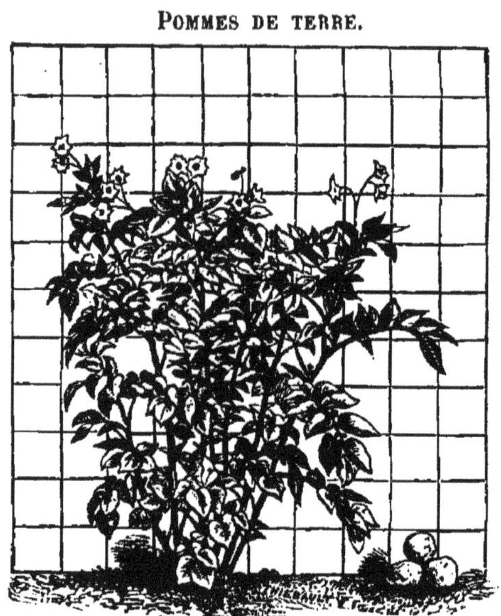

Minéraux seuls.

et qu'avec le fumier seul, on ne peut obtenir que de faibles récoltes.

Sans compter que, dans les régions où la sécheresse rend impossible la production des fourrages, force est bien de faire son deuil du fumier.

Sans compter que, dans les régions où règne la culture arbustive pour les fruits, où, par exemple, la vigne doit occuper les neuf dixièmes de la surface emblavée, le fumier devient décidément un objet de luxe !

Mais, même dans les régions où la production du fumier est courante et facile, on aboutit toujours à cette conclusion fatale et décourageante, que la production du blé est limitée par la quantité disponible de fumier, puisque l'en-

POMMES DE TERRE.

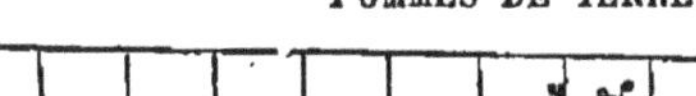

Engrais complet.

grais — qu'il se présente sous la forme de mélanges chimiques ou de résidus animaux — est toujours la matière première, l'étoffe essentielle et le *substrutum* des récoltes.

Impossible de faire rendre à la terre, quelles que soient l'habileté, la patience et l'énergie qu'on y mette, plus de 14 ou 15 hectolitres de blé par hectare, par cette irréfragable raison que la terre ne remboursant que ce qu'on lui avance — car la plus belle fille du monde ne saurait donner que ce qu'elle a — la quantité de fumier qu'on peut ainsi lui donner (6,000 kilogr.) par hectare et par an, même avec l'assolement triennal le plus impeccable et le mieux conduit, ne représente pas davantage.

6,000 kilogrammes de fumier équivalent à 14 ou 15 hectolitres de blé, de même que *n* kilogrammes de farine équivalent à *n* kilogrammes de pain.

C'est mathématique, irréfragable, absolu !

Voilà comment et pourquoi l'agriculture du passé restait enfermée dans une espèce de cercle de fer qu'il lui était à jamais interdit de franchir.

Sous ce régime néfaste, la terre de France, qui pourrait nourrir cent millions d'hommes, avait peine à en nourrir trente-cinq, et le trop-plein de la population demeurait condamné, sans merci comme sans espérance, tantôt à la misère à perpétuité, tantôt à l'expatriation ou aux fratricides colères. L'homme ne commandait pas à la végétation, c'était la végétation qui commandait à l'homme.

L'assolement sidéral.

Grâce à la sidération, grâce à la fixation directe par certaines plantes de l'azote atmosphérique, ces fâcheuses conditions sont retournées.

Pour plus de simplicité, ne touchons pas à la prairie, dont nous pourrions faire, cependant, par la vertu des engrais chimiques, une culture autonome et largement rémunératrice, une plantureuse manufacture de viande vivante.

Mais nous allons ensemencer en trèfle les 33 hectares de

jachère. Nous allons donner à ce trèfle une forte provision de potasse, de phosphate et de chaux. Puis, au printemps, au moment de la floraison, quand il aura étouffé les mauvaises herbes, nous l'enterrerons à la charrue.

Le trèfle, qui partage avec les légumineuses le précieux privilège de faire directement de l'azote avec de l'air, le trèfle a, en réalité, la même composition que le fumier. C'est du fumier vert !

Ce qui, dans l'ancien système, n'était qu'une jachère morte et improductive, va donc passer, à la suite de cette série d'opérations si simples, à l'état de jachère vivante, et se transformer en une sorte de fosse à fumier se remplissant toute seule. Alors que les 100 hectares de la prairie nous donnaient 6,000 tonnes de fumier, les 33 hectares de la jachère ressuscitée vont nous donner — à raison de 30,000 kilogrammes de trèfle « sidéré » à l'hectare — un supplément de fumier supérieur de 1,000 tonnes environ, représentant de 8 à 9,000 kilogrammes d'azote, de 8 à 9,000 kilogrammes de celui des facteurs artificiels de la fertilité qui coûte le plus cher, de 8 à 9,000 kilogrammes de l'aliment essentiel et favori des céréales.

D'où cette conclusion que, de 14 ou 15 hectolitres de blé, le rendement va s'élever d'un bond à 40 ou 45 hectolitres, sans qu'il en ait coûté plus de 110 ou 120 francs — 80 francs d'engrais chimiques et 30 ou 40 francs de graines de trèfle !

L'azote de l'air, refoulé par les rayons du soleil dans la substance du trèfle, aura fait les frais de l'appoint.

Sans doute, on aura perdu toute une année de culture, l'année employée à préparer sur la jachère le fumier « sidéral ».

Mais, cette perte elle-même, qui n'est, au fond, qu'une avance, il n'est pas impossible d'en faire l'économie.

Immédiatement après avoir enterré le trèfle, vers le 15 mai, faites, dans la terre dûment fumée au phosphate, à la potasse et à la chaux, un semis de haricots. Les haricots, qui sont des légumineuses, ne prendront pas d'azote à la terre ; la quantité de l'azote enfoui avec le trèfle n'aura donc pas diminué ; la récolte consécutive du blé atteindra toujours 40 ou 45 hectolitres. Mais les haricots vous auront, en attendant, remboursé vos dépenses !

La domestication des forces cosmiques.

Le grand triomphe de la science moderne, dont M. Georges Ville restera comme l'incarnation militante et glorieuse, ce n'est plus seulement d'avoir découvert les lois fondamentales de la végétation, c'est d'avoir surpris et dompté les forces qui les gouvernent. Ce n'est pas seulement d'avoir appris à prendre dans la nature morte les éléments nécessaires à l'évolution de la nature vivante, c'est d'avoir conquis les agents cosmiques eux-mêmes et les influences sidérales, d'avoir emmagasiné la lumière, dérobé ses rayons au soleil et attelé à la charrue du pauvre laboureur les coursiers d'Apollon !

LA VIGNE

A présent que nous connaissons, au moins dans ses principes fondamentaux et dans ses détails essentiels, la tutélaire doctrine des engrais chimiques, voici l'heure venue d'en étudier l'application pratique à un cas particulier.

I

Vive le vin!

De tous les types végétaux cultivés et cultivables, la vigne est évidemment, surtout pour une race comme la nôtre, qui, au dire de Herzen et de Michelet, doit au vin qu'elle a dans le cœur le meilleur de son génie lumineux et primesautier, de sa joyeuse et chevaleresque humeur, de sa franchise, de sa coquetterie, de son outre-vaillance et de sa *furia*, la vigne est sans contredit le plus suggestif, le plus sympathique et le plus intéressant.

Il semble que les destinées du peuple de France sont étroitement liées à la fortune de la vigne, et que c'est son sang même, sa sève, son esprit et sa vie qui s'épanchent dans la pourpre fluide et l'or fondu de la purée septembrale.

Quand le pressoir va, tout va! Le bien-être et la gaieté

sont à l'ordre du jour, et le reste vient, comme par surcroît, apporté par ce flot radieux où s'est dissous du soleil.

Quand, au contraire, la vigne périclite, quand la vermeille coulée baisse ou tarit, un douloureux malaise s'abat sur le pays de Rabelais, que le mal de soif atteint à la fois dans sa bourse et dans sa cervelle, dans sa richesse, dans son hygiène et dans sa mentalité.

Le plus grand malheur qui, depuis les débuts de son histoire, ait jamais frappé la France, a été l'invasion du phylloxéra, pire peut-être que l'invasion prussienne elle-même, pire que les humiliations et les désastres de l'année terrible. N'est-ce pas, en fin de compte, de cette invasion lamentable que datent toutes les crises dont nous avons tant souffert, aussi bien les crises morales que les crises économiques ? N'est-ce pas au phylloxéra qu'incombe, indirectement peut-être et à la faveur d'une série de répercussions lointaines, mais positivement, la plus grosse responsabilité des embarras de notre industrie, de la gêne de notre agriculture, de la dépopulation des campagnes et de l'encombrement des villes, de la fermentation ouvrière et de la grande névrose, voire même de ce singulier état d'âme d'une nation dont les moelles, les nerfs et l'estomac n'étaient faits ni pour les piquettes à la fuchsine, ni pour la bière salicylée, ni pour les alcools germanisants ? Qui oserait répondre que, sans ce maudit parasite, le boulangisme eût seulement pu naitre, et que le sang français eût coulé à Fourmies ?

A ce compte-là (qui est un compte juste), la meilleure façon de parachever l'œuvre du relèvement de la patrie, ce serait encore de travailler à la reconstitution et au perfectionnement du vignoble national, si cruellement éprouvé, de refaire à la France, par une bonne cure au raisin, une conscience et une santé. Cela ne vaudrait pas moins que de lui refaire un enseignement, un outillage de défense, une marine et une armée.

Parlons donc de la vigne, en nous souvenant que c'est le salut même de la patrie, sa puissance, son caractère et sa vertu qui sont en cause.

II

La fumure.

La vigne est, comme les autres arbres fruitiers, un végétal à dominante de potasse.

Si donc vous la gorgez, comme faire se doit, d'engrais complet, c'est à la potasse qu'il vous faudra, coûte que coûte, attribuer le rôle prédominant et régulateur. C'est la potasse qui est, pour ainsi dire, l'étoffe et la substance constitutive, l'âme chimique de la pulpe et du jus du raisin.

N'en déplaise aux délicats à qui les mots techniques font peur, le vin n'est guère autre chose, dans une large mesure, que de la potasse sublimée.

Inutile, par contre, de donner de l'azote à la vigne.

Comme la plupart des plantes à dominante de potasse, la vigne peut se passer d'azote, que ses frondaisons savent boire directement dans l'air, à la régalade, sans qu'il soit besoin d'en verser, à l'état d'ammoniaque ou d'acide nitrique, dans la coupe de glèbe où plongent ses racines.

L'engrais incomplet n° 6 K.

Quand donc je parlais tout à l'heure d'engrais complet, c'était simplement histoire de rattacher la question de la vigne aux principes généraux de la doctrine. La vérité est que le meilleur et le plus efficace engrais pour la vigne est un engrais incomplet, l'engrais incomplet dit « n° 6 K », d'où l'azote est absent, mais où la potasse abonde.

En voici la formule, telle que l'expérience parait l'avoir définitivement consacrée :

Superphosphate de chaux à 15 0/0.	400 kil.
Carbonate de potasse raffiné à 90 0/0. . . .	200
Sulfate de chaux.	400
Total :	1.000 kil.

On le voit, il ne contient pas la moindre trace d'azote, cet engrais extraordinaire, qui passe cependant pour être à la vigne ce que le philtre de M. Brown-Sequard est à l'humanité ramollie.

C'est principalement au carbonate de potasse qu'il parait devoir ses fabuleuses vertus.

Quand, en effet, l'on connait l'élément qui convient à une plante, il reste encore à chercher la forme chimique sous laquelle cet élément doit être à la fois le plus assimilable et le plus efficace. Il ne suffit pas de servir à la plante la pâture dont elle a le plus besoin, et que, s'inspirant, dans son inconscience, de je ne sais quel instinct obscur, elle aime par-dessus tout ; il faut encore parer et assaisonner le plat.

Voilà comment M. Georges Ville, renonçant à l'engrais complet n° 3 (*Superphosphate de chaux* : 400 kil. ; *Nitrate de potasse* : 300 kil. ; *Sulfate de chaux* : 300 kil.), qu'il préconisait autrefois, a été amené à conseiller aux vignerons d'employer de préférence la potasse sous la forme de carbonate...

Ce n'est pas pour dire du mal du nitrate : mais, vous le savez, il y a des gens qui non seulement mangent plus volontiers, mais encore digèrent plus aisément les asperges à la sauce hollandaise que les asperges à l'huile... Ça leur plait davantage, et, comme l'on dit, ça leur profite mieux

Et il en est des plantes comme des hommes !

La vérité est que l'engrais, incomplet mais intensif, n° 6 K, a profité aux vignes auxquelles on l'a donné dans les proportions littéralement invraisemblables

C'est grâce à son emploi que, dans son champ d'expériences de Vincennes — où la terre, on peut m'en croire, n'est pas meilleure et serait plutôt peut-être pire qu'ailleurs — M. Georges Ville a pu constater ces fantastiques rendements de 20,000 kilogrammes de raisin et de 180 hectolitres de vin à l'hectare qui provoquèrent une si vive émotion dans le monde (la moitié de la population française) qui vit de la vigne, lorsque le Maître fit au *Figaro* l'honneur de lui donner la primeur de la précieuse recette.

C'était si beau que c'était à peine croyable, et il ne fallut rien moins que la haute autorité qu'ont value à l'illustre chimiste quarante années de travaux admirables et de services exceptionnels pour qu'on ne criât pas unanimement au paradoxe, à la mystification..... Mais il y a tant de révolutions fécondes qui débutent par d'apparentes mystifications, tant de paradoxes qui finissent par devenir de banales réalités !

Les faits sont là — désormais nul n'en ignore — et il

VIGNES.

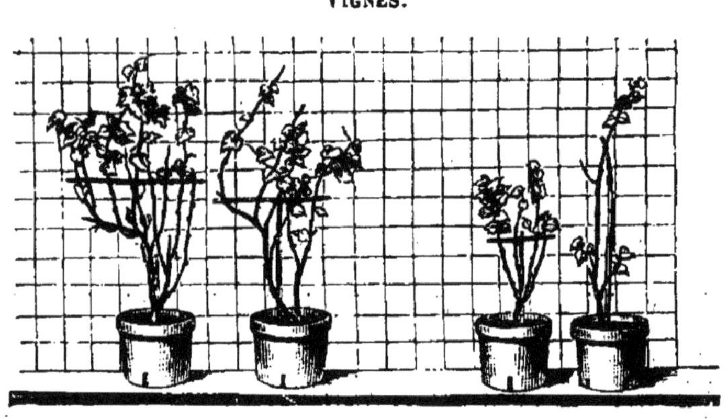

Sans potasse. Sans aucun engrais.

n'est point de raisonnement théorique qui puisse prévaloir contre l'éloquence des faits, plus décisive encore et plus pénétrante que l'éloquence même de l'apôtre.

On n'a point oublié que, de ce chef, le *Figaro* crut devoir ouvrir, auprès des intéressés eux-mêmes, les meilleurs juges en la matière, une enquête en règle, qui demeure toujours béante, à deux battants, en permanence.

On n'a point oublié que les premiers résultats de cette enquête, condensés en une correspondance *trop volumineuse pour être évaluée autrement qu'au poids*, furent aussi convaincants qu'il était permis de l'espérer.

On sait que toutes ces informations, évidemment sincères, qui furent ainsi recueillies, se résumant, dans la proportion de 150 contre 1, en autant d'avis favorables, ne laissent pas de constituer un petit plébiscite assez joliment triomphal.

VIGNES.

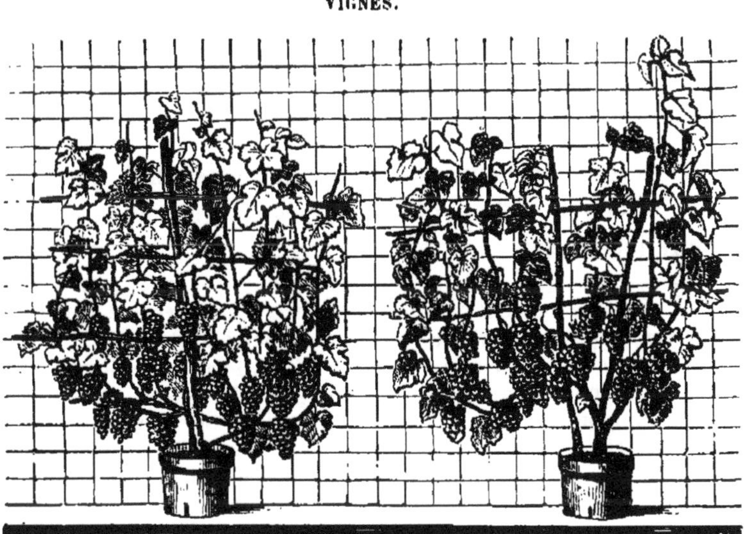

Engrais complet.

Je n'ai plus à m'appesantir là-dessus. La cause est entendue ; elle est gagnée.

Parmi les centaines de lettres qui me furent, à ce propos, adressées des quatre points cardinaux, il n'y en eut guère que deux — l'une du Loir-et-Cher, et l'autre des Vosges — pour enregistrer un insuccès formel.

On me pardonnera de n en point tenir compte.

Testis unus, testis nullus, dit un vieux brocard de droit romain : « Un témoignage unique est un témoignage nul ». Un témoignage double peut-il, en vérité, valoir beaucoup mieux qu'un témoignage unique, et peser d'un plus grand poids dans la balance ?

Rien, d'ailleurs, ne m'empêche de soupçonner, dans l'espèce, soit la défectuosité de l'engrais employé (1), soit la maladresse — sinon même la mauvaise volonté — des expérimentateurs, soit toute autre fatalité. dont la méthode ne saurait être, sans injustice ou sottise, exclusivement rendue responsable.

Il est certain, pour ne citer qu'une possibilité, que l'action des engrais chimiques n'est ni toujours simple, ni toujours immédiate.

(1) C'est le moment ou jamais de placer une anecdote singulièrement suggestive, qui me fut contée la semaine dernière.

Un négociant du département de l'Eure, féru d'un bel enthousiasme pour les doctrines de M Georges Ville, s'était avisé d'un système de propagande qui peut *a priori*, passer pour supérieur. Il avait choisi, dans son voisinage, deux paysans particulièrement intelligents et « débrouillards », et leur avait donné cinq louis à chacun pour payer la petite quantité d'engrais chimique nécessaire à une expérience... Il croyait bien jouer ainsi sur le velours. Mais le naïf avait compté sans l'étroite et superstitieuse cupidité des donataires.

Au lieu de s'adresser aux maisons qui leur avaient été indiquées et qui leur auraient livré pour cent francs d'engrais efficace et de bonne qualité, les deux paysans ne songèrent tout d'abord qu'à la *gratte* possible. Ils achetèrent, chez des charlatans ou des fraudeurs, de l'engrais quelconque, au rabais Histoire de mettre dans leur poche — ni vu ni connu ! — quelques pièces de cent sous. . . Malheureusement l'engrais qu'ils s'étaient ainsi sournoisement procuré ne valait absolument rien de telle sorte que l'essai aboutit au plus piteux échec, et qu'il n'est plus possible de parler dans le pays, sans s'exposer à se faire huer, de la théorie des engrais chimiques, qui, pourtant, n'en peut mais.....

Je laisse à la sagacité de mes lecteurs le soin de dégager la morale économico-philosophique de l'aventure.

Il faut du temps, par exemple, pour que l'engrais pénètre, à travers un sol desséché, compact, imperméable, jusqu'à la couche accessible aux suçoirs des racines. J'ai vu des endroits où, soit pour cette cause, soit pour des causes analogues, l'effet attendu, l'effet logique et fatal, ne se produisait qu'à la longue, après plusieurs années d'attente, alors seulement que les éléments fertilisants avaient achevé d'être dissous et entraînés au delà de la croûte réfractaire par l'égouttement des eaux pluviales.

En pareil cas, il faut savoir attendre, et des conclusions prématurées, entachées d'erreur par avance, devraient être nécessairement sujettes à caution.

Quand et comment il faut fumer la vigne.

D'un autre côté, dans le maniement des engrais chimiques, une foule de précautions sont de rigueur.

C'est ainsi qu'il faut veiller à ce que la terre soit convenablement préparée, rendue perméable à l'air, à la lumière, à la pluie, sarclée et nettoyée de toutes les mauvaises herbes qui ne manqueraient pas de prendre et de garder pour elles le meilleur du régal destiné à la vigne.

Il faut également prendre souci du mode d'administration de l'engrais et de l'opportunité de l'heure.....

Le mode d'administration n'a, au surplus, rien de particulièrement difficile ni d'excessivement compliqué.

On creuse à la bêche, autour de chaque cep, une petite cuvette dans laquelle on répand, aussi également que possible, la quantité d'engrais que l'on a déterminée en divisant 1,000 kilogrammes par le nombre de ceps à l'hectare. Pour mesurer, on peut se servir d'un simple verre à boire qu'on entoure d'une ficelle ou d'un trait circulaire à l'encre à la hauteur de la dose d'engrais requise. Puis, on comble la cuvette avec la terre du déblai.....

Lorsqu'il s'agit de très grands vignobles, on peut procéder plus simplement : on répand l'engrais sur le sol en avant et en arrière des ceps, et l'on recouvre à la charrue.

La question de l'époque n'a pas moins d'importance.

Autant que faire se peut, la vigne doit être fumée à l'automne, en novembre ou en décembre, sinon, en janvier ou février.

Il n'est pas mauvais, cependant, afin de fortifier le bois en vue des besognes futures et de le rendre apte aux services exceptionnels que, comme je vais l'expliquer tout à l'heure, la viticulture de l'avenir s'apprête à lui demander, de mettre une partie de l'engrais à la fin de l'été, à la veille même de la vendange, alors que la vigne, dans toute la plénitude de sa vigueur et de sa maturité, est encore chargée de fruits.

« Aie de quoi », le ciel t'aidera !

— Mais, dira-t-on peut-être, n'est-il pas à craindre que ces rendements excessifs qu'on fait miroiter à nos yeux éblouis, que ces rendements artificiellement obtenus au moyen d'un *entraînement* spécial, ne déterminent une sorte de surmenage de la terre, et finalement ne l'épuisent ? N'est-il pas à craindre que la terre fumée chimiquement ne finisse comme les enfants prodiges et les chevaux forcés ?

Voilà bien l'indécrottable esprit de routine qui paralyse le progrès, le voilà bien !

Raisonnons un peu.

Qu'il y ait abondance ou disette, le raisin, apparemment, a toujours la même composition et ne contient rien d'essentiel en dehors de l'eau, du sucre (ou glucose) et de la potasse à l'état de bitartrate.

Il va de soi, sans nul doute, que si les grappes doublent de nombre ou de volume, la quantité d'eau, de sucre et de bitartrate va doubler également. Plus l'omelette doit être grosse, plus il faut casser d'œufs !

Mais s'ensuit-il que la terre — *that is the question* — s'appauvrira d'autant ?

Jamais de la vie !

Est-ce que c'est le sol qui fournit au raisin son eau de constitution ? Vous savez bien que non : vous savez bien que c'est saint Médard. .

Ce n'est pas davantage le sol qui fournit au raisin sa glucose ($C^{12} H^{12} O^{12}$), dont il emprunte les éléments (oxygène, hydrogène et carbone), sous l'influence de la lumière solaire, à l'atmosphère et à la pluie.

Ce n'est pas le sol, enfin, qui lui fournit l'acide tartrique de son bitartrate : l'acide tartrique étant formé, comme le sucre, d'oxygène, d'hydrogène, et de carbone, procède, comme le sucre, de l'air et de l'eau.

Reste donc seulement la potasse, que la vigne puise incontestablement dans la terre.

Mais qu'importe, puisque l'engrais intensif aura garanti d'avance à la terre, outre l'acide phosphorique et la chaux, une ample provision de potasse assimilable — plus que la plus copieuse vendange n'en saurait absorber?

Et comment la terre pourrait-elle s'épuiser, puisque la surproduction ne lui coûte rien ; puisque tout ce qu'on lui emprunte, on le lui restitue ; puisqu'elle a un compte courant chez MM. les chimistes, qui lui ouvrent un crédit, dûment gagé sur dépôt préalable, plus que suffisant pour couvrir tous ses frais?

Sans doute elle va dépenser davantage, mais c'est bien égal, puisqu'on lui en donne les moyens. « *Aie de quoi, le* ciel t'aidera ! »

Insister davantage serait superflu, pour ne pas dire puéril.

III

La Taille à long bois.

Voilà pour la fumure, voilà pour l'alimentation de la vigne !

Passons maintenant à la taille, qui est quelque chose à la fois comme sa toilette et son éducation physique.

Autrefois, quand on ne donnait pas d'engrais à la vigne ou quand on ne lui donnait que du fumier, force était de corriger, par de savantes mutilations, l'exubérance de ses pousses, et d'établir, au moyen de la taille, un équilibre relatif entre la végétation aérienne et la végétation souterraine, entre les branches et les racines. Autrement, la plante, mal nourrie, obligée de lutter pour vivre, n'aurait rien produit. On modelait ainsi l'essor des frondaisons sur la vigueur précaire et la santé chétive du sujet.

De ce chef, la forme et la mesure de la taille variaient avec les régions.

Mais, le plus souvent, on taillait la vigne à court bois, c'est-à-dire que, quand on abattait le bois de l'année précédente, on laissait seulement sur chaque brin un, deux ou trois bourgeons — un, deux, trois « yeux », « bourres », ou « mousses », pour parler l'argot des spécialistes.

Lorsque le nombre des « yeux » atteignait ou dépassait quatre, on disait que la taille était *longue*. Mais elle était rarement pratiquée, et encore ne l'était-elle guère, çà et là, qu'à titre d'essais isolés et empiriques, sinon à titre de simple curiosité. Il était entendu que « tailler à long bois, c'était vouloir tuer la vigne » !

Voilà, vraiment, qui ne semble ni logique ni même probable.

Estomac et bois, feuilles et poumons.

Le premier effet de la taille à long bois, n'est-ce pas, de toute évidence, la multiplication des feuilles ?

Or, qu'est-ce que la feuille, sinon l'organe respiratoire et l'organe digestif de l'individu végétal ?

C'est par la feuille que s'opère l'évaporation ; c'est la feuille qui capte l'acide carbonique de l'air et exhale le trop-plein d'oxygène ; c'est dans les intimités de la feuille que s'élaborent, en vertu d'une mystérieuse chimie, le bitartrate de potasse et la glucose, qui s'en iront ensuite gonfler et colorer le fruit. La feuille est donc à la fois une sorte d'estomac et une sorte de poumon...

Plus il y aura de feuilles, et plus l'évaporation se fera vite et sûrement, plus il y aura de chances pour que la grappe soit riche en sucre. La preuve en est que, si l'on effeuille une betterave (ou un cep), le jus est beaucoup moins sucré. Redouter l'abondance des feuilles, c'est comme si l'on s'effrayait du volume des muscles d'un homme ou de l'ampleur de son thorax.

Tailler court, au contraire, n'est-ce pas rabougrir inutilement le cep, étrangler sa végétation, s'imposer de gaieté de cœur une récolte médiocre, et cela, d'autant plus probablement que la vigne sera plus robuste et mieux cultivée ?

C'est là ce que s'est dit M. Georges Ville, qui, non content de préconiser, concurremment à l'emploi des engrais chimiques à haute dose, la taille à long bois, à très long bois, à bois vertigineux et désordonné, ne serait pas éloigné d'aller jusqu'au bout extrême de l'idée et de conseiller aux vignerons de ne pas tailler leurs vignes du tout.

Le fait est que le Maître ne manque pas de bonnes raisons pour soutenir cette thèse, hardie au point d'en être presque effarante.

Vignes géantes.

N'a-t-on pas constaté déjà, depuis bel âge, que le rendement à l'hectare de tels et tels vignobles, des vignobles de la Dordogne, par exemple, semblait faiblir en raison directe, d'une part, de la richesse du sol et, d'autre part, de la brièveté de la taille ?

Ne sait-on pas que les vignes arborescentes, aux longs bras étalés, les treilles et les espaliers que respecte le sécateur, ne sont ni les moins belles, ni les moins productives ?

Il existe en Ecosse, au château de Kinnel, chez le marquis de Breadalbane, une vigne géante, vieille d'une cinquantaine d'années, dont l'envergure dépasse soixante mètres et dont les branches couvrent une superficie qui n'est pas moindre de 387 mètres carrés.

Il n'empêche que cette vigne extraordinaire, dont le

jeune bois s'allonge, au printemps, de 5 à 6 centimètres par vingt-quatre heures, est aussi vigoureuse qu'une jeune plante datant seulement de quelques années ; et bien qu'elle donne régulièrement d'énormes récoltes, dont le *quantum* va toujours en augmentant, elle ne présente pas le moindre symptôme d'épuisement.

Le nombre de ses grappes, dont le poids, de 6 à 900 grammes, en moyenne, s'est une fois élevé jusqu'à 2 kil. 265, avec des grains de 3 centimètres et demi de diamètre, le nombre de ses grappes, dis-je, atteignit le chiffre de 1,180 en 1879 et de 3,170 en 1888. L'année suivante (1889), le poids de la vendange dépassa 400 kilogrammes!

Possible que cet exemple, si suggestif qu'il paraisse, ne soit pas absolument convaincant. La vigne de Kinnel est, en effet, cultivée sous verre, ce qui sort des conditions normales.

Mais je pourrais citer d'autres vignes monstrueuses, des vignes de plein air, celles-là, qui ne le cèdent guère à leur grande sœur d'Ecosse. Telle est, par exemple, la fameuse vigne de M. Albert Magee, à Montecito, comté de Los Angeles (Californie).

Ce pied de vigne phénoménal, âgé de trente ans seulement, couvre déjà une superficie de neuf cents pieds carrés. Sa production actuelle est de *cinq tonnes de raisin*, et sa circonférence, à 30 centimètres du sol, est de 46 pouces.

Ne serait-ce pas là l'idéal à poursuivre?

N'est-ce pas là, au moins, un fort argument en faveur de la thèse de M. Georges Ville, de cette thèse renversante et inattendue, mais qui pourrait bien n'être paradoxale qu'en apparence, d'après laquelle la force productive d'une plante serait proportionnelle à sa stature, si bien que la meilleure façon de tailler une vigne serait encore de n'y pas toucher et de l'abandonner à elle-même?

La vigne géante de Montecito.

La taille vertigineuse.

Assurément, M. Georges Ville ne va pas jusque-là. Il est rop soucieux des exigences perturbatrices de la tradition et de la pratique pour faire de l'absence de taille un article de foi.

ais, s'appuyant sur les inductions du raisonnement spéculatif et sur les enseignements de l'exemple, il pose, pour la vigne, l'absence de taille, la liberté absolue et l'indiscipline de la végétation, comme le principe théorique, comme la règle idéale.

Il va de soi que ce principe, simple et brutal comme tous les principes scientifiques, devra, dans la pratique courante, se modifier, se restreindre, s'adoucir, s'atténuer, s'adapter, en un mot, aux fatalités circumfuses. Aux praticiens d'établir eux-mêmes, expérimentalement, la mesure dans laquelle la taille devra être combinée, selon les changeantes exigences du temps, du climat, des cépages, du terroir, de l'exposition et du relief du sol, de la distribution des vents, de la lumière et des eaux, du régime économique, des habitudes de culture, etc , pour qu'elle puisse être le plus possible rapprochée sans inconvénient du type idéal, qui serait le type à bois fou.

Il est évident que cette mesure devra se transformer avec le milieu lui-même et en partager les vicissitudes.

En revenant de Saint-Emilion.

Au Clos-Baleau (Saint-Emilion), de tous les vignobles du monde celui peut-être dont les exemples sont le plus probants, parce que, nulle part, que je sache, la doctrine n'a été aussi complètement et aussi strictement appliquée dans sa rigueur et son intégralité, au Clos-Baleau, dis-je, MM. Malen frères ont cru devoir, après de longs tâtonnements, s'arrêter à une taille moyenne à deux bras et à huit yeux, dont ils se trouvent à merveille.

Il semble positivement impossible, dans les conditions où ils opèrent, d'aller plus loin.

Autrement, leurs vignes se transformeraient en fourrés inextricables, où, quand l'heure de la « façon » aurait sonné, ce serait au sabre d'abatis ou à la hache, ni plus ni moins qu'au sein des forêts vierges des pays tropicaux, qu'il faudrait frayer la route aux bœufs de labour. J'ai vu moi-même, là-bas, de mes yeux vu, certains champs complantés en jeunes vignes de trois ou quatre ans, où, même avec la taille à huit yeux, il était déjà difficile à un homme fluet de passer sans encombre, où, par conséquent, le raisin, éclos à l'ombre, privé d'air et de lumière, semblait fatalement condamné à la coulure.

Est modus in rebus! Mais le *modus*, relatif et variable, c'est à l'expérience de tous les jours, à l'expérience sur place, de le déterminer, de le fixer juste au degré qui doit ménager le plus la vigne.

Avec la taille longue ainsi comprise, combinée avec l'emploi judicieux des engrais chimiques, on est assuré d'obtenir d'étonnants résultats.

On sait, par exemple, ce que, avec seulement huit yeux, avec seulement cette taille timide qui, cependant, au début, effarouchait et scandalisait si fort le monde à la ronde, l'engrais incomplet nº 6 K a déjà donné aux entreprenants propriétaires du Clos-Baleau, dont je ne saurais trop célébrer l'heureuse initiative.

Non seulement leur vignoble éclate comme une fanfare de triomphe, faisant tache, en quelque sorte, une tache d'un vert gras et noir, par l'ampleur de ses frondaisons, par son air général de richesse, de force et de santé, sur les plantations voisines ; non seulement, on y cueille de ces feuilles colossales — 35 centimètres de long sur 30 centimètres de large — faites apparemment pour de surhumaines pudeurs, que j'exhibais naguère dans la salle des Dépêches du *Figaro*, mais la récolte est à l'avenant.

Ceci pour rassurer les pusillanimes qui, sous le prétexte que la feuille n'est pas le fruit, voulaient, avant d'emboucher la trompette, attendre la cuvée.

Voulez-vous des chiffres ? En voici — dont les plus pessimistes auront peine à contester l'éloquence :

De 1867 à 1876, le rendement annuel du domaine de Clos-Baleau avait été, en moyenne, de 142 hectolitres. De 1877 à 1886, après le phylloxéra, ce rendement était même tombé à 96 hectolitres. Mais, depuis 1887, *depuis l'emploi simultané des engrais chimiques et de la taille à long bois*, voici les résultats :

1887.	225 hectolitres
1888.	396 »
1889.	360 »
1890.	378 »

Soit, pour ces quatre dernières années, *trois cent quarante hectolitres*, en moyenne, presque le quadruple des rendements antérieurs à l'expérience, plus du double des rendements des meilleures années d'antan !

Et si ces rendements ne sont pas plus considérables, c'est, d'abord, que les révolutions culturales sont toujours des entreprises à plus ou moins longue échéance, dont les effets définitifs ne sauraient se manifester, dans leur ultime et intégrale expression, du jour au lendemain.

C'est, en second lieu, qu'à Saint-Emilion, où l'on vise surtout la fabrication des vins fins, des œuvres d'art potable, on cultive de préférence des cépages délicats d'un rendement naturellement faible, sacrifiant ainsi la quantité à la qualité.

Qui vivra verra !

Mais le dernier mot n'est pas dit !

Peut-être, avec une taille plus longue encore, et dans des conditions différentes, la récolte pourrait-elle atteindre des quantités infiniment supérieures.

Peut-être la taille de la vigne finira-t-elle par n'avoir d'autres limites rationnelles que les limites imposées par la nécessité, variable avec les circonstances, de préparer la terre, d'aérer et d'ensoleiller le fruit.

Peut-être l'avenir est-il aux vignes géantes, comme la vigne de Montecito, aux vignes agencées sur des treilles sans fin, aux vignobles en cage, s'étendant à perte de vue le long d'un interminable réseau d'échafaudages de fils de fer, croulant sous le poids des nouvelles grappes de Chanaan

Qui vivra verra !

IV

La reconstitution des cépages.

Alors, peut-être, sera-t-il permis de songer à reconstituer sur l'heure, et de toutes pièces, par essaimage, sans le moindre emprunt à l'exotisme, nos vieux plants du terroir, ces vieilles souches françaises dont le jus vermeil ou blond est comme l'âme fluide de la race. Peut-être même est-il permis d'ores et déjà d'y songer.

Du moment que, du fait de la taille à long bois, les vignes vont tôt devenir trop épaisses et trop touffues, pourquoi ne pas remédier à l'inconvénient, non pas au moyen de la circoncision rabougrissante, mais au moyen du dédoublement multiplicateur ?

Préparez d'avance, le long de votre vigne, une sole nouvelle, dûment nettoyée, labourée à fond et fumée selon la règle. Puis, lorsque les vignes, trop serrées, commenceront à emmêler de gênante façon leurs luxuriantes chevelures de pampres, au lieu d'y promener « un fer barbare », arrachez, avec sa motte de terre, un cep sur deux, et transplantez le tout dans les guérets d'en face.

Substituez, en d'autres termes, l'émigration au rationnement ; fondez et peuplez des colonies végétales, au lieu de réduire chirurgicalement la vigne-mère à la portion congrue.

Dès la première année, la vigne transplantée va vous donner assez de fruit pour couvrir la dépense ; vous aurez *ipso facto* doublé l'étendue de la culture utile, le développement du bois compensant l'éclaircissement des ceps ; vous aurez amorcé la restauration, par sa propre substance, du vignoble national, c'est-à-dire du meilleur gage de la fortune, de la puissance et du génie propre de la patrie.

V

La lutte contre le Phylloxéra.

Qui sait même si vous n'aurez pas fait mieux encore ? Qui sait si vous n'aurez pas, du même coup, définitivement vaincu, avec les autres vermines, le redoutable et prétendûment invincible phylloxéra ?

Pour lutter contre le fléau, trois tactiques sont concevables :

1º On peut essayer de tuer l'affreux parasite en l'empoisonnant sans plus de cérémonies, ou bien en lui rendant l'existence intenable.

De ce chef, les procédés foisonnent : on n'a que l'embarras du choix, depuis la submersion, qu'on pourrait comparer à l'hydrothérapie, jusqu'au sulfure de carbone, qui est aux poux de la vigne ce que l'onguent gris est aux phylloxéras du cuir humain.

C'est la méthode antiseptique ! Assurément, elle a du bon (1) ; mais il s'en faut qu'elle soit parfaite. On me dispensera d'en énumérer les inconvénients, que la plupart de mes lecteurs connaissent, par expérience personnelle, aussi bien, sinon mieux que moi.

2° On pourrait essayer de vacciner la vigne à l'avance, en lui inoculant, à titre de préservatif, le virus atténué... *Similia similibus...*

Comment, au pays de Pasteur, n'y a-t-on pas encore plus sérieusement songé ? En tout cas, en théorie, l'idée semble on ne peut plus séduisante.

Ne sait-on pas que la vie — aussi bien la vie végétale que la vie animale — n'est qu'une éternelle bataille des cellules de l'organisme contre les ennemis du dehors ? Ne sait-on pas que l'inoculation des virus atténués et transformés en vaccins semble augmenter la force de résistance desdites cellules, et mettre dans leur jeu le plus puissant des atouts ? Ne préserve-t-on pas ainsi le mouton du char-

(1) Elle aurait surtout du bon, si l'on savait l'employer *préventivement*. Pourquoi attendre que le phylloxéra et les autres vermines aient fait leur apparition pour engager la lutte ? Pourquoi, en traitant les vignes, *saines encore*, par le sulfure de carbone, par exemple, ne pas empêcher, *par anticipation*, le fléau d'éclore ? Pourquoi ne pas organiser l'*hygiène prophylactique* des vignobles ?

bon et l'homme lui-même de la variole et de la rage?

Malheureusement, il y aura toujours quelque chose d'inquiétant et de scabreux à substituer ainsi une maladie à l'autre.

La vaccine antiphylloxérique, qui se résumerait, en dernière analyse, en une intoxication plus ou moins bénigne, ne saurait produire l'effet défensif attendu qu'à la condition de modifier, dans une mesure inconnue, l'étoffé vivante de la vigne, ses tissus et sa sève. Qu'en adviendrait-il du raisin et du vin?

3° La troisième méthode consiste à mettre la vigne en état de résister impunément à toutes les contagions, comme on met les phtisiques, par une suralimentation rationnelle, en état de faire bon ménage avec le bacille des cavernes.

Jamais vous ne me ferez croire que le phylloxéra soit né d'hier. La vilaine bête a dû exister tout le temps. Seulement, les vignes d'autrefois, à l'apogée de leur robustesse et de leur rusticité, ne s'en portaient pas plus mal. Il en était d'elles comme de ces gars solides et sains qui traversent gaillardement les pires épidémies, tout en buvant à pleine gorge les mêmes miasmes qui tuent à côté d'eux, comme mouches, les pauvres diables déprimés d'avance par les excès ou les privations, par les tares antérieures, par le « taf » ou la neurasthénie...

Mais, depuis, l'anémie est venue! On les a épuisées, nos pauvres vignes, en les forçant à produire à outrance et en les mutilant par des tailles cruelles.

En même temps, on épuisait le sol, en y pompant à pleines mains les sucs nourriciers, sans jamais rien lui rendre.

Tout a une fin, parbleu ! Il est arrivé un moment où la vigne, mal nourrie, étiolée, surmenée, ayant tout mangé et tout bu à la ronde, n'a plus trouvé, ni en elle, ni autour d'elle, la force de résister à la vermine. Elle est morte ainsi, non pas tant des morsures venimeuses du phylloxéra que de la misère physiologique et des pâles couleurs.

Pensez-vous donc que, si vous ne nourrissiez pas vos chevaux ou vos bœufs, ce serait un bon moyen de les assurer contre les épizooties et d'en obtenir la forte somme de travail utile ?

Eh bien ! il en est de la vigne comme du cheval, du bœuf... et de l'homme. Pour qu'elle prospère, pour qu'elle puisse braver ses nombreux ennemis, il faut qu'elle ait les poumons libres et le ventre plein.

Or, je le répète, c'est par les feuilles, c'est-à-dire par le bois, que la plante respire : ses branches sont ses bronches... N'allez donc pas faire la sottise de lui mesurer l'air à coups de serpe !

C'est, en revanche, par les racines qu'elle s'emplit le ventre. Mais les racines sont comme les rois : où il n'y a rien, elles perdent leurs droits.

Et voilà comment la question du phylloxéra confine à la doctrine des engrais chimiques et à la taille à long bois.

Il semble bien, en effet, que la suralimentation par l'engrais chimique, associée à la taille longue, promet, en fortifiant le cep, de donner aux racines une rusticité de nature peut-être à les rendre réfractaires au phylloxéra, qui s'attaque de préférence aux bois mous et spongieux, dont la résistance est naturellement moindre. N'a-t-on pas expliqué déjà l'immunité des vignes américaines par la densité de leurs tissus et l'imperméabilité de leur épiderme ?

A ce compte, la taille à long bois serait, à la faveur d'un régime intensif approprié, pour la vigne, ce que sont les exercices du corps, en train, heureusement, de redevenir à la mode, pour les races humaines efféminées par le nervosisme, le surmenage intellectuel et le raffinement exagéré : *le commencement de la renaissance physique !*

Je ne veux ni ne puis, pour le moment, en dire davantage.

Je laisse la parole aux faits. C'est que, en pareille matière, le fait est maître, le fait est roi, le fait est Dieu, et les plus séduisantes dissertations sont comme de rien en présence de gros de pratique seulement comme un pépin de raisin (1).

(1) Tout cela, bien entendu, sans préjudice de l'emploi des autres méthodes, et en particulier de l'ébouillantage. Des chaudières roulantes, qu'on peut promener le long des sillons, et servant à projeter, à l'état pulvérulent, sur les ceps contaminés, de l'eau boriquée ou phéniquée en ébullition, voilà peut être la plus puissante artillerie contre le phylloxéra et ses émules!

LES ARBRES FRUITIERS

ET

LES POMMES DE TERRE.

Pour les arbres fruitiers autres que la vigne, comme il leur faut également force potasse et peu d'azote, l'engrais incomplet nº 6 K convient à merveille.

On procède avec eux de la même façon qu'avec la vigne.

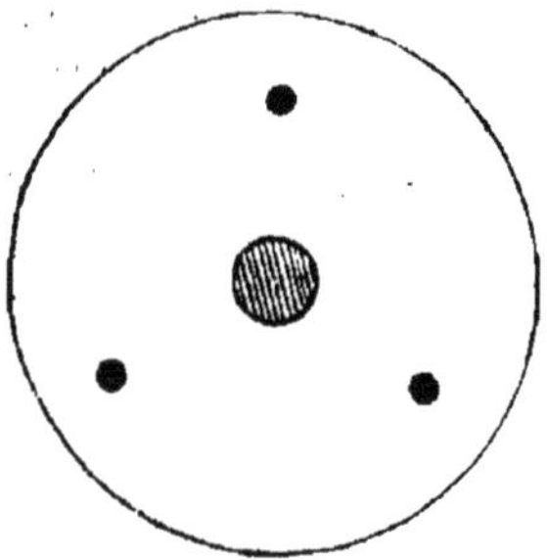

On creuse au pied de l'arbre une petite fosse circulaire de 1 m. 50 de diamètre, où l'on répand l'engrais, à la dose de 300, 400 ou 500 grammes, suivant la taille et la grosseur de l'arbre; on recouvre avec la terre du déblai, et l'on enfonce dans la cuvette trois ou quatre piquets de bois de 50 à 60 centimètres, afin de constituer une sorte de drainage vertical par où l'engrais, entraîné par les eaux, se diffusera dans les couches profondes du sol et gagnera les racines.

***

Pour les rosiers, la méthode est la même.

On peut donner indifféremment aux rosiers soit l'engrais incomplet n° 6 K, soit l'engrais complet n° 3 (40 0/0 de *Superphosphate de chaux*, 30 0/0 de *Nitrate de potasse*, 30 0/0 de *Sulfate de chaux*).

100 grammes d'engrais par pied suffisent, à la condition de mélanger intimement l'engrais avec la terre et d'arroser *largâ manu*.

Ici, le dosage a son importance, qui peut être très considérable, car c'est sur l'infinitésimal qu'on opère.

Si, par exemple, il suffit de donner aux rosiers de 80 à 100 grammes par pied, suivant la force d'engrais incomplet n° 6 K ou d'engrais complet n° 3, pour voir leurs fleurs doubler ou tripler de nombre et de volume, et gagner, dans des proportions inouïes, en ampleur et en beauté, malheur, en revanche, à qui aura eu la main trop lourde! Il va tuer la poule aux œufs d'or, car ces rosiers courront grand risque de mourir... probablement d'indigestion.

Nul besoin, on le voit, d'être docteur ès sciences, ni de posséder des arpents à la douzaine pour faire avec aisance et succès l'expérience de la culture savante, intensive et avantageuse.

***

Les mêmes engrais qui servent aux arbres fruitiers et à la vigne (engrais incomplet n° 6 K et engrais complet n° 3) conviennent semblablement à la pomme de terre, qui est, elle aussi, une plante à dominante de potasse, apte à s'azoter toute seule.

Dans le trou où l'on dépose la pomme de terre qui doit

POMMIERS.

Sans aucun engrais.

Matière azotée seule.

jouer le rôle de semence, on répand environ 25 grammes d'engrais, que l'on recouvre de terre.

Cette quantité de 25 grammes est calculée pour quatre

Engrais complet (*avec azote*).

trous environ au mètre carré. Si les trous sont plus ou moins nombreux et serrés, on calculera la quantité d'engrais nécessaire en divisant 1,000 kilogrammes par le nombre de trous à l'hectare.

On peut récolter ainsi de 250 à 300 kilogrammes de pommes de terre par are, au lieu de 35 ou 40 kilogrammes au maximum que donne la terre sans engrais.

Ici, pas de confusion, pas de quiproquo possible!

POMMIERS.

Engrais minéral (*sans azote*).

Instituez plutôt cette petite expérience comparative, de nature en même temps à amuser les croyants et à estomaquer les incrédules. Au milieu de votre champ de pommes de terre, congrûment fumé *secundùm artem*, isolez deux ou trois enclaves, marquées par une enceinte d'échalas, où vous ne mettrez pas une miette seulement d'engrais chimique. Vous constaterez — et ferez constater — à votre entourage que, sur ces enclaves déshéritées, non seulement la récolte est tout à fait inférieure (dans la proportion de 2 à 11) sous le rapport de la quantité, mais que la qualité elle-même laisse singulièrement à désirer : rien que de toutes petites pommes de terre, grosses à peine comme des noix, alors que sur tout le reste du champ les tubercules seront énormes !

L'engrais chimique aura fait ce miracle, et si les sceptiques ne sont pas encore convaincus, c'est qu'ils auront vraiment le scepticisme tenace.

FLEURS ET LÉGUMES

Pour les autres légumes, comme pour les fraisiers et les fleurs, c'est à d'autres variétés d'engrais qu'il faut avoir recours.

I

Légumes.

Aux légumes, il faut donner l'engrais complet n° 2, dont voici la formule :

	A l'hectare :
Superphosphate de chaux.	400 kil.
Nitrate de potasse.	200
Nitrate de soude.	300
Sulfate de chaux.	300
Total :	1.200 kil.

On peut employer cet engrais en toutes saisons, avant de semer ou de repiquer les légumes. Dans ce cas, on en saupoudre la surface du sol à raison de 6 kilogrammes par

100 mètres carrés; on laboure ou l'on bèche; puis l'on répand de nouveau 6 kilogrammes d'engrais à l'are. Puis, enfin. l'on plante ou l'on sème...

Si les légumes sont déjà en terre, on éparpille l'engrais à la surface du sol autour des plantes, à raison de 12 kilogrammes par 100 mètres carrés, en prenant grand soin de n'en point répandre sur les feuilles. Puis, l'on remue légèrement la terre, afin d'assurer la pénétration des substances fertilisantes.

II

Fleurs.

Aux fleurs herbacées (Pelargoniums, Géraniums, Cyclamens. Chrysanthèmes, Broméliacées, Cinéraires. Fougères, etc.), il faut l'engrais complet n° 2 :

Superphosphate de chaux.	33 0/0
Nitrate de potasse.	17
Nitrate de soude.	25
Sulfate de chaux.	25
Total :	100

Quant aux fleurs à tiges ligneuses, elles se traitent, comme les rosiers, par l'engrais incomplet n° 6 K :

Superphosphate de chaux.	40 0/0
Carbonate de potasse raffiné à 90°. .	20
Sulfate de chaux.	40
Total :	100

Mode d'emploi. — 1° *Fleurs en pleine terre :* comme pour les légumes, répandre 12 kilogrammes d'engrais par are, 120 grammes par mètre carré.

2° *Arbustes.* — Employer la même méthode que pour les rosiers.

3° *Fleurs en pots.* — Mélanger l'engrais à la terre à raison de trois grammes d'engrais par kilogramme de terre et se servir du mélange pour remplir les pots.

On peut aussi mettre l'engrais sur la terre autour de la plante, l'enterrer avec une fourchette et arroser. La dose est toujours de 3 grammes par kilogramme de terre.

GAZON.

L'engrais complet n° 2 est également l'engrais désigné pour le gazon.

5 kilos d'engrais mélangés à 5 kilos de plâtre en poudre par cent mètres carrés, telle est la dose réglementaire.

C'est peut-être avec le gazon que l'engrais chimique donne les résultats les plus étourdissants.

Sa vertu, en effet, est si subtile et si puissante qu'il suffit d'en saupoudrer régulièrement le sol par poids et par mesure, pour voir, au bout de quelques mois ou de quelques semaines, trancher en nuances vivaces, intenses et foncées, sur le fond pâle de l'herbe non fumée, des dessins géométriques ou même les lettres, parfaitement lisibles, du nom de l'opérateur, qui aura ainsi forcé la terre à lui servir de secrétaire et à apposer elle-même sur l'œuvre commune sa griffe personnelle et son sceau.

Voilà, j'imagine, un tour de chimie physiologique en action à la portée de tous, et de nature à faire faire une tête à ceux qui ne veulent jamais croire que « c'est arrivé » !

Peut-être même est-ce l'amorce d'un art nouveau, la peinture horticole sur glèbe aux sels enchantés — véritables poudres magiques à l'usage des sorciers « fin de siècle ».

Il était autrefois de mode en France, et il est encore aujourd'hui de mode au Japon et en Chine, de forcer *mécaniquement* les plantes à prendre des formes fantastiques. Qui sait s'il ne sera pas de mode, au siècle prochain, de les forcer *chimiquement* à revêtir, pour le plus grand plaisir des yeux, les nuances les plus variées, et de faire porter à sa pelouse, à sa vigne ou à son champ de blé, les couleurs de sa mie ?

LA CONQUÊTE DE LA VIE

En vérité, je vous le dis, quand l'humanité aura compris enfin tout ce qu'il y a au fond de cette grandiose doctrine des engrais chimiques, quand elle aura compris qu'il ne s'agit de rien moins que de la conquête des forces cosmiques et des forces vitales, et de la mise en valeur, pour le plus grand profit, pour le plus grand bien-être et pour la plus grande sécurité de tous, de trésors inexploités dont elle ne peut même pas soupçonner l'inépuisable richesse, alors les miracles industriels les plus fantastiques — les bateaux sous marins, les aérostats dirigeables, le téléphone, les explosifs de poche, la photographie instantanée, le phonographe, etc., ne lui apparaitront plus que comme autant de négligeables bagatelles, comme autant d'amusettes ou de jeux d'enfants, car, alors, ce sera la face même du monde et les conditions essentielles de l'existence qui seront appelées à subir la plus extraordinaire et la plus féconde des métamorphoses.

En vérité, je vous le dis, ce qui va peut-être en sortir, ce ne sera pas seulement le double miracle de la multiplication des pains et des noces de Cana.

Savez-vous bien que ce pourrait être en même temps la fin du paupérisme et de la guerre, la liquidation pacifique des dissensions sociales, fondues enfin dans l'abondance, la réconciliation des classes et des races, l'apaisement général et la fraternité universelle, garantis, avec la certitude du lendemain, par le perfectionnement suprême et le définitif affranchissement du genre humain?

L'homme est toujours, somme toute, le fils de la terre où il est né, où il a grandi, où il a versé de la sueur, des larmes et du sang. Il en procède au même titre que le chêne ou le brin d'herbe, il en porte l'estampille ineffaçable, et c'est d'elle, qui sera sa tombe, comme elle fut son berceau, et qui de sa chair dissoute, de ses os émiettés, refera d'autres hommes semblables à lui, c'est de ses entrailles que lui viennent ses énergies et ses faiblesses, ses qualités et ses défauts, ses enthousiasmes et ses langueurs. Pour agir sur l'homme, c'est sur la terre qu'il faut agir : c'est à la terre qu'il faut donner ce qui lui manque pour devenir la matrice idéale où s'élabore en une fermentation occulte ce qui fait les peuples forts, honnêtes, braves, riches et heureux.

La conquête de la terre est ainsi le plus sûr gage de la conquête de la vie, de l'ordre public, de l'harmonie universelle, de la paix et de la liberté.

TABLE DES MATIÈRES

POITIERS. — TYP. OUDIN ET Cie.

(Voir suite page suivante.)

SEULE MÉDAILLE
DÉCERNÉE A CETTE INDUSTRIE
Expositions Universelles
1867, 1878, 1889
60 Médailles
16 Diplômes
MASTIC LHOMME-LEFORT
Médaillé et adopté par la Société d'Horticulture de France
POUR
GREFFER
à froid, guérir
ET CICATRISER LES
PLAIES DES ARBRES
Indispensable au greffage de la vigne.
Se vend partout en boîtes de 0 fr. 50
1 fr., 2 fr.
Fabrique: 10, rue des Solitaires
PARIS

ENGRAIS

Sulfate d'ammoniaque de la Compagnie Parisienne du Gaz

De toutes les fabriques de sulfate d'ammoniaque la plus importante est celle de la Compagnie Parisienne du Gaz

Le sulfate d'ammoniaque qu'elle produit contient 20 à 21 0/0 d'azote.

Il est la substance la plus riche en azote assimilable par les plantes. Les nombreuses expériences faites en grand depuis nombre d'années dans les diverses contrées de la France, et principalement dans les départements de Seine-et-Marne, Oise, Seine-et-Oise, Aisne, Nord, ont suffisamment mis à jour les résultats rémunérateurs que l'agriculture devait attendre du sulfate d'ammoniaque comme complément de fumure.

Il est reconnu que le mélange de ce produit avec le superphosphate de bonne qualité donne les mêmes résultats que le meilleur guano du Pérou.

Pour offrir aux agriculteurs auxquels elle livre exclusivement son sulfate d'ammoniaque, toute garantie sur sa provenance, la Compagnie livre son produit en sacs réglés au poids net de 100 kilos et plombés à la marque :

« Compagnie Parisienne du Gaz-Engrais-Sulfate d'am-
« moniaque ».

Le prix des 100 kilogrammes est actuellement de 29 francs.

Compagnie Parisienne du Gaz, 6, rue Condorcet, PARIS

MACHINES AGRICOLES

FAUCHEUSES, MOISSONNEUSES ET LIEUSES

WOOD

La nouvelle **Moissonneuse Lieuse Wood à une seule toile** peut être considérée comme le dernier perfectionnement des lieuses. Elle laisse loin derrière elle **les Lieuses à trois toiles**. — Cette machine est d'une légèreté de traction inconnue jusqu'à ce jour.

Les machines WOOD ont obtenu les plus hautes récompenses.

PARIS 1889 : **1 objet d'art**, 2 *Médailles d'or*, **1 Grand prix**

Machines agricoles et industrielles

INSTRUMENTS D'INTÉRIEUR ET D'EXTÉRIEUR DE FERME,
APPAREILS DE LAITERIE

TH. PILTER (O✻) **24, Rue Alibert**
PARIS

Maison APPERT, fondée en 1812

Principe naturel de vinification
et de reconstitution des vins

ET D'UN USAGE

AUSSI LICITE que les CLARIFIANTS

Fortifie les vins, les rend plus fermes et plus corsés, les maintient solides et de bon goût; rend les vins nouveaux plus tôt marchands; facilite les collages, tout en diminuant le volume des lies.

ŒNOTANNIN pour vins rouges, le kilo : **9** fr.

(**9** *centimes par hectolitre*)

Dito POUR VINS BLANCS, LE KILO, **12** FR.

(12 centimes par hectolitre)

L'ŒNOTANNIN dispense de l'emploi du plâtre sur la vendange

Articles spéciaux pour la clarification des vins rouges et blancs.

Produits spéciaux pour combattre toutes les maladies des vins.

ENVOI FRANCO SUR DEMANDE DU PROSPECTUS

Chevallier-Appert **30, rue de la Mare, 30**
PARIS

ENGRAIS BOUTIN

24, RUE RICHER, PARIS

Nombreuses récompenses. — **Des milliers de preuves depuis 1860**

Le plus puissant et le meilleur marché de tous les engrais chimiques

Récoltes saines et abondantes avec 45 fr. d'engrais par hectare de céréale.

Régénération de la vigne et des arbres, culture maraîchère, pommes de terre, betteraves, etc. L'Engrais Boutin préserve les céréales de toutes maladies.

Demandez les Prospectus spéciaux et le guide pratique des cultures de chaque mois qu'on envoie **franco.**

Poitiers. — Typ. Oudin et Cie.

www.ingramcontent.com/pod-product-compliance
Ingram Content Group UK Ltd.
Pitfield, Milton Keynes, MK11 3LW, UK
UKHW022112190726
13855UKWH00002B/815

9 782013 554862